认识你真好

建立深度
而成熟的人际关系

meiya 著

江苏凤凰文艺出版社
JIANGSU PHOENIX LITERATURE AND
ART PUBLISHING, LTD

图书在版编目（CIP）数据

认识你真好：建立深度而成熟的人际关系 / meiya
著. -- 南京：江苏凤凰文艺出版社, 2020.6
ISBN 978-7-5594-4013-6

Ⅰ. ①认… Ⅱ. ①m… Ⅲ. ①成功心理 - 通俗读物
Ⅳ. ①B848.4-49

中国版本图书馆CIP数据核字(2019)第206180号

认识你真好：建立深度而成熟的人际关系

meiya 著

责任编辑　李龙姣
策划编辑　孙文霞　刘文文
装帧设计　周延辉
出版发行　江苏凤凰文艺出版社
　　　　　南京市中央路 165 号，邮编：210009
网　　址　http://www.jswenyi.com
印　　刷　唐山富达印务有限公司
开　　本　880 毫米 ×1230 毫米　1/32
印　　张　8.5
字　　数　180 千字
版　　次　2020 年 6 月第 1 版　2020 年 6 月第 1 次印刷
书　　号　ISBN 978-7-5594-4013-6
定　　价　49.80 元

目录

Part 1 个人成长

Part 2 亲密关系

Part 1
个人成长

你有“见好”的思维方式吗？

最近几个月我越来越能够感受到自己“见好”的能力得到了很大的提升。

什么叫“见好”的能力呢？就是一个人能够看到生活中那些好的、善意的、正面的人与事的能力。

举两个例子说明我“见好”能力的提升。

第一个例子。前段时间，我第一次独自带着两岁多的女儿去厦门旅行，随身携带了一个行李箱，背着一个背包，还推着一辆儿童手推车，看起来应该会是一次非常狼狈辛苦的旅行。但是在旅行的过程中，我不断感受到来自陌生人的善意，获得来自陌生人的帮助。

比如在上海虹桥火车站候车时，有一位来自福州的男士主动过来和我聊天，我们是同一趟车。他告诉我，他家有一对双胞胎男孩，我们一起聊养育孩子的一些趣事和烦恼。后来，排队检票时，他非常热心地帮我拿折叠好的推车，上了车还帮我把行李箱和推车放好。

尽管国内很多地方的出行设施对于带孩子出门的家庭并不友好，比如很多火车站没有直达电梯，也有很多设计不合理的台阶，但是这一路上被他人帮助的事情发生了很多次，他们中有男有女，有单身的，有已婚的，这些来自陌生人的善意和温柔让我感到很温暖，并且深深地记在心上，想着以后自己也要更多地帮助其他人。

我相信，类似的事情以前肯定也在我的生命中出现过很多次，但是我似乎都忘记了，这一次却印象深刻。

第二个例子。前几天我和丈夫大卫一起出门办事，打到车的时候，他把车门打开，让我先上，我忽然有一点温暖的感觉，觉得丈夫对我真是体贴。可这其实并不是他第一次为我这么做，他一直以来都是如此，每当我们俩一起乘车的时候，大卫总是先给我开车门，只有这一次我看到和感受到了他这一行为表现出的对我的体贴和温柔。啊，原来过去这么多年，我都把丈夫为我开车门这件事视为理所当然。

那天我上车之后，感激地对丈夫说："谢谢你一直以来都先为我开车门，先让我上车。"丈夫特别高兴地开我玩笑："你现在才注意到啊？！"

这两个例子是不是说明我"见好"的能力提升了呢？

曾经的我是个非常挑剔和负面的人，总是容易看到人和事中不好的那一面，甚至明明是好事情我都会挑剔和不满。

比如谈恋爱的时候，大卫送我一台豆浆机，我嘴巴上不说，心里却在挑剔：为什么不送我一条漂亮的项链？为什么送这么难看和笨重的豆浆机？不懂得送礼物也就算了，审美也很差劲啊！

当时的我完全看不到别人行为背后的善意与温柔。人家送了你礼物，表明对你在意和用心。送你的豆浆机背后有一份美好的愿望和关心，希望你饮食更健康，生活更好……这些我通通看不见，只看到豆浆机的外形不符合我的审美期待。

后来，我们同居时，两人一起分担家务，我也会挑剔他做的家务：碗没有洗干净，拖完地板的拖把没有拧干，晾晒的衣服弄得皱巴巴的……

现在想起来，这样的自己还真是不好相处，甚至有点讨厌呢！

你呢？是不是也和曾经的我一样，总是容易看到别人身上的不好，看不到别人身上的好？或者你身边有没有这样看人和看事总是比较负面的人呢？

我有一个朋友的妈妈就是如此。

丈夫休息在家，为全家人做顿饭，她就把每一道菜都负面点评一番，这一道菜盐多了，那一道菜油多了，还有一道菜卖相不好。

女儿给她买了一件衣服，她会说，这是什么款式啊，一点儿都不好看。

有朋友邀请她一起出去旅行，她会抱怨说，还不是因为她找不到伴儿，而且和我在一起，我可以给她拍出更好看的照片，她这才找的我。

……

总之，她怎么样都不会说你好，总是习惯批评、打击、否定你。

我发现，在生活中，像曾经的我和朋友的母亲这样的女人真的超级多，甚至可以说是普遍存在的。我的姨姨、姑姑、婶婶们对自己的丈夫都是这种否定、批评的模式："你怎么这么邋遢啊？""你挣钱怎么这么少啊？”“你要是有本事，我们的生活能过成这样吗？”“你看看你，干的是什么事情啊，让你做事情，我还不如自己干了！”

我的来访者中女性居多，她们中的很多人也习惯用一种批评、嫌弃的方式对待自己的伴侣。而她们的父母也是这么对待她们的，多是否定、批评，极少认可、赞美和鼓励。

这跟我们中国的传统文化和家庭教育有关。中国的大多数父母在家庭教育中奉行“赞美会导致骄傲，骄傲会使人落后”“批评才能使人进步”这样的观念和准则，他们的教育是训斥、挑剔、责备和打骂孩子，因为这样做是“为了孩子好”。比如，当孩子考试考了 95 分，想跟父母分享自己的喜悦时，很多父母会说：你看谁谁家的某某某，人家可考了 100 分，你想想自己为什么会丢那 5 分……

老一辈的父母不会当面认可孩子，也不会在外人面前称赞自己家的孩子，他们习惯的做法是在别人面前贬低自己的孩子，因为这是谦虚的表现，也许也是一种社交上的安全策略。

在多年从事心理咨询的过程中，有很多来访者告诉我，小时候自己被父母认可、肯定、赞赏的时候特别少，更多时候是批评、否定和责骂。

父母的批评和否定给他们造成了不可忽视的创伤。

在父母批评、挑剔、打击、否定中长大的孩子更容易产生自卑心理，自我价值观很低，会觉得自己很失败，什么都做不好。他们遇到困难和挑战也难以坚持，容易放弃。

他们还会内化和复制父母的方式,对自己和他人都习惯持批评、否定、打击的态度,进而和自己的关系、和他人的关系也会出现问题。

我也是这样长大的。在我的原生家庭中，妈妈经常批评、否定、打击伴侣和子女。她觉得爸爸是个没有用的人，嫌弃他什么家务都做不好，经常数落他做得不对不好的地方。我做的很多事情在妈妈眼里都是不好的，读课外书不好，待在房间里看电影不好，在学校即便我考了100分，也换不来妈妈的一句表扬和认可。但幸运的是，在成长的过程中，因为学习成绩好，我遇到许多给予我认可、肯定和鼓励的老师，这让我获得了一些自信而没有变得很自卑。

我不喜欢妈妈对待我们的方式，但开始恋爱后，我悲伤地发现自己复制了妈妈对待爸爸的模式，习惯去挑剔、批评和否定自己的伴侣。而这样的方式就容易导致很多的矛盾。于是,我下定决心改变,在生活中去练习看到对方身上好的部分，学习去赞美和认可对方。

在心理咨询师的职业训练和工作中，我们也要训练自己的“无条件积极关注”，即“无论来访者的品质、情感和行为怎么样，咨询师对其都不做任何评价和要求，并对来访者表示无条件的温暖和接纳，使来访者觉得自己是一个有价值的人”。作为一名咨询师，在工作中要看见来访者身上好的、正面的地方，懂得认可和赞美来访者，为其赋能，帮助其找到自己的资源和优势。

这是一种行为，更是一种思维方式，一种以资源为取向而非以问题为取向的正面的思维方式。

我记得自己在很多心理咨询师治疗技术的培训课程上都接受过这样的思维训练。

有的老师在课堂上布置的练习是：让我们和相识半天或者一天的同学，相互真诚地赞美彼此三分钟。

有的老师布置的练习是：找一个你不喜欢的人，或者你觉得无关紧要、容易被忽略的朋友或亲戚，罗列一下她／他身上的优点。

这些练习都是在培养一个人积极正向的思维方式。只有咨询师自己拥有这样积极正向的思维方式，才能影响来访者，促使他转变思维。

同样一件事，用不同的思维方式看到的就是不同的部分，关注的重点就不同。

我有个心理学老师曾讲过一个自己买鱼的故事。

有一天清早，他在菜市场排队买鱼。轮到他的时候，他看到卖鱼的小伙子捞鱼、杀鱼的一系列动作麻利又娴熟，杀了鱼后还会用清水把鱼冲洗干净，把鱼装进袋子后，他还会在外面再套一个干净的袋子，然后再递给顾客。

我的老师就夸他："小伙子你做事情真的很用心细致啊！"然后还感谢他，"谢谢你多装了一个袋子，这样拎着就不会弄脏其他的东西了，考虑得很周到。"

那一刻，卖鱼小伙非常开心，露出灿烂的笑容，也感谢老师的称赞。

之前无数的顾客都把小伙子所做的事情视为理所当然，但是这一刻他的细致和用心被人看见了，我想他内心一定是又感动又喜悦。

这件小事，一定会成为这位心理学老师和卖鱼小伙那一天的亮点。

美国著名作家马克·吐温有句名言：“一句赞美我的话，就可以使我活上两个月。”

渴望被人看见，被人夸奖、赞美和认可，这是我们人性的需要。

面对同样的半杯水，你可以说“只剩半杯水”，也可以说“还有半杯水”。半杯水都是一样的，都是事实，但是关注点不同，描述就不同，给人的心理感受也不同。

说到底，每个人都活在自己为自己建构出来的世界里，你选择看见什么，比你事实上是怎样的更加重要。

一个人如果有“见好”的能力，他就拥有了一双扫描和记录世间美好的眼睛。他能够给自己，也能够给他人带来很多的快乐和满足。

你是不是经常觉得自己不够好？或者觉得自己的生活不够好呢？现在试着找一找自己身上的 10 个优点，或者自己生活中 10 个好的地方吧！

你对自己的孩子和伴侣满意吗？是不是经常觉得他们问题和毛病多多？现在也试着找一找他们身上的10个优点吧！这么做之后，你一定会有很不一样的内心感受。

从这一刻开始，培养自己“见好”的思维方式吧，让自己也拥有一双透视世间美与善的眼睛。

破解痴迷的最佳方法，不是远离痴迷，而是靠近自己所痴迷的

有的未婚女性来访者在咨询中，会和我谈到她们痴迷某一个异性的心理困扰。

为什么用“痴迷”这个词呢？因为她们会深深为之着迷，对其充满了爱意与仰慕，会不停地围着对方转，关注对方的一举一动，每天查看对方的朋友圈和微博，完全停不下来。如果对方让自己做什么事情，哪怕是不合理的请求，她们也会答应。她们在两性关系中容易遭受不公平的对待，她们所痴迷的人往往并不在意她们，不喜欢她们，甚至会虐待她们。

我遇到的一位女士痴迷同工作单位的一位有女朋友的男士，因一直当对方的情绪垃圾桶而倍感痛苦。这位男士时不时地会向她倾诉和宣泄自己的负面情绪，比如和女朋友吵架了、工作压力大、对领导感到不满等，甚至还让她帮助自己完成收集数据、整理表格的工作，帮自己给女朋友挑选鲜花和礼物。

其实，她深知这位男士不会和现女友分手，他们之间根本没有可能，但是她就是无法停止自己的痴迷。

一方面她因为自己一直被对方利用、被不公正对待、被当作情

绪垃圾桶而痛苦，另一方面她又安慰自己，觉得可以这样远远地看着对方，陪伴对方，被对方需要也很好，因为她没法想象没有他的生活。

总之，就是虐心又欲罢不能。

这种痴迷显然是不好的，它会伤害我们自己的身心健康。

那破解痴迷的最佳方法是什么呢？

不是告诉自己，我不要痴迷这个人，我要离开他，这个方法是没有用的，而是要好好弄清楚我到底痴迷这个人身上的什么东西。

心理学上有个名词叫“罗密欧与朱丽叶效应”。在莎士比亚的经典名剧《罗密欧与朱丽叶》中，罗密欧与朱丽叶相爱，但由于双方家庭存在世仇，他们的爱情遭到家人的极力阻碍。但压迫并没有使他们分手，反而使他们爱得更深，直到殉情。所谓“罗密欧与朱丽叶效应”，就是指当出现干扰或者阻碍恋爱双方爱情关系的外在力量时，他们的情感反而会加强，恋爱关系也因此更加牢固。

同样的，你越是告诉自己不要痴迷他，让自己忘记喜欢他的这件事，你身边的朋友、家人也告诉你不要痴迷对方，你可能就越容易痴迷对方而无法自拔。

心理咨询师则会告诉你，好好去靠近和审视这个人以及你自身，去看清楚这个人为什么会对你有这么大的吸引力，把这个问题弄得水落石出，原因越清楚越有利于你摆脱痴迷。

是他工作能力很强，自信迷人？是他能言善辩，很会表达？是他幽默有趣，会逗大家开心？还是他身上有淡淡的莫名的忧郁气质？

……

弄清楚这些东西之后，就问问自己，我为什么会痴迷这些？

一般来讲，我们痴迷的东西可能是我们自身所缺乏的，或者是我们希望理想的自己所具备的。

也许是因为我们对自己的工作能力不满意，希望理想的自己也能独当一面，所以对工作能力强，事业成功的他很佩服；

也许是因为我们内心自卑，缺乏自信，所以才会对外表自信有魅力的他心动；

也许是因为我们觉得自己笨嘴拙舌，也很想让自己变得幽默有趣但做不到，所以看到幽默的他就特别仰慕；

也许是这个人和自己父亲的气质很像，但我们和父亲的关系疏离，所以一直想靠近他又无能为力……

我们为什么会痴迷这个人？当我们将这个问题搞得越清楚，我们就越容易获得一种解脱感，越容易感觉到放松："哦，原来，我不是痴迷这个人，而是痴迷这个人身上的一些东西，一些品质。"

这样，我们就可以将这个人和令我们痴迷的东西分开，不是这个人令我们痴迷，而是他身上展现出的特质令我们痴迷，这是第一步。

第二步，就是看看其他人身上有没有这些同样令我们痴迷的东西。

对于大多数人而言，我们喜欢的人，其实不是一个人，而是一群人，一类人。这类人身上有我们喜欢的特质或者品质。

这是目标和路径的差别，别把路径当目标。如果北京是我们的目标，那我们可以坐高铁去，可以坐飞机去，也可以开车去。不要认为只有一种方式才能到北京。

你要记住这一点，一个人不会一辈子只爱一个人，她完全有能力爱上其他人。

那些同样有我们喜欢的特质或品质的其他人中，极可能就有同样喜欢我们，与我们合适，可以与我们共度一生的人。

第三步，努力去塑造自己，让自己身上也拥有令自己痴迷的东西，把自己打造成令自己心动的女人。

如果你被对方展现出来的自信和强大气场吸引，那去想一想怎么让自己也能变得像他一样自信，有气场。

你可以学习色彩和服装搭配，提升自己的外表形象；你可以多读书，提升自己对人对事的理解；你还可以训练自己的语言表达和沟通能力，让自己可以侃侃而谈……

当我们将痴迷别人的注意力和能量用来提升自己、改变自己的时候，对别人的痴迷自然就会减少很多。

如果努力还是改变不了自己，那就学会接纳自己，接纳我们不完美的部分，接纳我们的有限性，接纳我们无法成为那个理想的自己。

总结一下，要想摆脱对一个人的痴迷，应该让自己努力痴迷，不是痴迷这个人本身，而是痴迷对方展现出来的品质，痴迷有这些品质的一群人，努力把自己打造成令自己痴迷的人。

以前我在上心理咨询培训课时，老师讲过一个有趣的案例。

一个新手老师，是个小伙子，很害怕去给学生上课，因为他害怕自己在讲台上会脸红。上课时，他总是担心自己是不是脸红了，也害怕学生看到自己脸红。

他去找心理咨询师，倾诉自己的苦恼。

咨询师告诉他，从现在开始，上课的时候要努力让自己脸红，必须努力保证每次上课都能脸红。

于是，这个小伙子上课时开始努力让自己脸红，结果他就是脸红不起来，偶尔能脸红反而觉得自己成功了，很开心。后来，他对上课脸红不脸红这件事就完全不在意了。

这就是心理治疗中的“悖论处方”。将原本“不要脸红”的目标巧妙地替换成“努力脸红”，消解了对方思维中“脸红是不好的”这一看法。当“脸红”被定义为要努力才能达到的目标，成了好事，那“脸红”本身反而就不会让一个人不舒服和在意了。

对于痴迷某人这件事也是如此，让自己不要痴迷是无效的，搞清楚自己痴迷的是这个人身上的哪些品质，然后强化自己对这些品质的欣赏、认可和仰慕，最后让自己也拥有这些品质，才是走出痴迷的最佳方法。

职业选择方面也是如此，很多人对于自己没有机会从事的职业也会陷入痴迷，心心念念，比如有的人做着一份公务员的工作，心里却想当演员，想拍电影。那就要搞清楚自己为什么想当演员，想拍电影，是真的喜欢演戏、讲台词？还是觉得当演员可以被人关注，自己渴望被别人关注？抑或是其他的原因？

那这些原因在自己的工作或者其他工作中是否存在?

有的时候我们痴迷的其实不是某个人、某件事本身，而是他们背后的一些东西。搞清楚自己痴迷的到底是什么，理解自己为什么会痴迷，是帮助我们走出痴迷的关键。

雾里看花，因为看不清楚，反而越想得到花。拨开云雾，好好欣赏和审视这朵花，反而对得到花这件事不执着了。这是人性的规律。

用你过去的成功，点亮未来的成功

在我们的思维中有一种倾向叫“问题倾向”，即人们对问题，对不好事情的关注是大大超过对资源，对好事的关注的。

不信，你可以在网上看一下新闻，你会发现负面的新闻比正面的新闻要多很多，而且你的注意力会不自觉地更多地放在负面新闻上，相比正面新闻，你对负面新闻的印象也会更深刻。

“聚焦问题”是我们人类大脑的一个特征，也是一直以来心理治疗的模式。比如一个初中生在学校成绩不好，不遵守课堂纪律，还会经常和同学打架，一般我们就会分析孩子问题的根源是什么，跟父母离异有关吗？跟妈妈对他的批评有关吗？跟隔代教育有关吗？跟他在更小的时候受到的童年创伤有关吗？是青春期叛逆吗？还是交了一些行为不良的朋友？如此深挖下去，一年半载过去了，原因找了一箩筐，然后各种分析，但是孩子的情况并没有就此改变。

关注是一种力量，你关注什么，什么就会越多，你关注问题，问题就会越来越多，你关注资源，资源也会越来越多。

最近二十年，心理治疗模式正在发生一个重大的改变，就是从以疾病（问题）为中心变为以健康（资源）为中心，强调和挖掘来访者的优势和潜能，“忽略”他的“问题”，也借由优势和潜能真正有效地改善他的生活。

所以，现在积极心理学、认知疗法、焦点、叙事等关注资源、关注潜力而不是关注问题的治疗流派开始蓬勃发展。

在短焦心理治疗中，咨询师对来访者常常会有类似这样的提问，比如：最近这段时间，你容易情绪波动，但有没有觉得有一些平静的时刻？你和丈夫的关系经常很紧张，但有没有关系好的时候呢？你说你每天喝酒，那有没有保持清醒一两个小时的时候呢？

假如来访者回答“有”，咨询师会继续问下去：发生了什么？当时你在做一些什么？

这就是例外问句。

擅长短焦治疗的心理学家和心理培训导师许维素说：“例外，即优势、资源、力量、成功的统称，其存在于问题发生之外的时段，即问题没有发生、问题较不严重、问题发生次数少的时刻，或者平顺、成功、美好的时期。”她还引用心理学家 Corcoran 讲到的例外的功能：“例外的思维是找寻优势、方法与资源的放大镜；例外的内容是形塑自我赋能与解决之道的重要素材。”

例外问句背后的哲学观认为：

“问题不会总是一直存在，总会有例外发生。有效就多做一点，无效就做些不同的事情。例外的探寻是有效解决之道的线索，从而帮助来访者面对生活的挑战，重获控制感。”

关注例外，就是关注优势和资源，同时也是让当事人在潜移默化中看到自己有能力解决问题。

假如前面提到的“问题学生”去见短焦治疗的心理咨询师，咨询师不会花太多时间分析他的原生家庭、过去经历的负面性事件，而是问例外：哪些时候或者上谁的课时，他的表现会更好一些？

然后分析那时发生了什么，做了什么。比如上数学课时表现更好，因为数学老师会一进门和他打招呼，给他更多的自由，允许他在上课的时候走动，给他布置的作业更简单一些……那让数学老师分享经验，其他老师也如法炮制，“问题学生”的问题就会得到很大的改善。

当一个来访者告诉我，他打算换工作，下个月将有一场重要的面试，他感到很紧张很焦虑，而且想到最近这段时间自己面试了三次且都以被拒告终，他更是焦虑得睡不着觉。

我就问他，你目前这份工作面试成功是什么时候？当时发生了什么？

我这么一问就引导对方把关注点放在自己过去成功的经历上，而不是过去失败的经历上，也引导他看到原来自己是有能力应对面试的挑战的，自己并不总是失败。

这种从自己过去成功经历中获得支持、激励和学习之道的办法曾给我很大的帮助。

当年我因为高考失利加上报考失误，以本科的分数来上海念高等专科学校，那时上海将要举办世博会，会展专业很热门，懵懂的我就报了会议和展览专业。

可是读了半年，我发现自己不喜欢选择的专业，也对三年之后取得的大专学历不满。那时的我对广告学很感兴趣，喜欢看国内外各种广告图书和获奖广告影片，于是打算一边完成专科的学习，一边自考本科的广告学。

最后，我用了两年半的时间完成了十四门专业课的考试，又用了一年的时间写论文，申请答辩，最后拿到了广告学本科的学士学位。

之后凭着广告学的专业知识和学历，我进入了广告公司工作。

三年后，我发现自己对心理学的热情超过了广告。要不要再次转行？我很纠结，担心自己无法成功转行，担心自己二十七岁才开始学习心理学是不是太晚，但是一想到自己曾经有换专业学习的成功经历，我就有了信心。

后来，我报了一年的心理咨询师培训课程，除了认真上课，记课堂笔记，还看了大量的关于心理学、心理治疗的电影和电视剧，广泛阅读心理学相关的书籍，充满热情地投入到一个新专业的学习中。

我自己过去的成功经验就像一盏灯，在我身后向前照耀，指引我在迷茫和不安中不断向前走。

最终，我考取了二级心理咨询师证书，再之后顺利转行。

一个人如何能获得更多的成功？很多人会说失败是成功之母，所以去分析自己失败的原因就能收获成功。这当然是一个办法，但事实上，成功更是成功之母，去分析自己成功的原因才更有可能变得成功。

一个人过去的成功就是一个例外，是一个人生命中的亮光，关注这些亮光，不仅能够赋予他能量，还能帮助他点亮生命中更多的亮点。

自己的成功经验可以学习和推广，别人的成功经验一样可以学习和推广。

在《瞬变》这本书中，作者希思兄弟讲到改变的重要方法之一就是：找到亮点。所谓亮点，指的是值得他人效法的成功做法。

书中有一个非常有趣的案例。

1990 年，有个叫斯特宁的美国人被派去越南协助改善当地儿童营养不良的问题，他不会越南语，也没有可用的资金，只有六个月的时间用来解决这个问题。

针对任务，他读了大量的资料，研究报告普遍认为营养不良是由卫生状况差、生活贫困、清洁饮用水缺乏、农村居民不重视补充营养等一系列问题综合作用导致的。

他觉得这些都是正确的废话，数百万孩子不可能等到这些问题被解决的时候。

他做了一件什么事情呢？

他四处拜访农村，把母亲们分组，测量孩子们的身高、体重，然后发现，虽然有的孩子家里非常穷，却比一般小孩更高大壮实。他就想，为什么这些孩子可以长得好呢？他们的妈妈是怎么做的呢？

他就开始研究那些“亮点”妈妈的做法。

先排除了一些不具代表性的亮点，比如这家孩子有个舅舅在政府机关上班，经常有机会给孩子加餐。

然后，他发现这些妈妈的做法与其他妈妈有很大不同。

首先，这些妈妈每天给孩子喂四次饭，而一般家庭都是给孩子喂两次饭。“亮点”妈妈喂四次饭的总量实际上与喂两次饭的总量是一致的，但是将这些饭分四次喂，比分两次喂更有利于孩子消化和吸收。

其次，喂养方式不同。这些孩子的妈妈经常亲自喂孩子吃饭，而一般家庭是任由孩子自行吃饭。

另外，这些孩子吃到的食物种类更多。他们的父母会去捉一些小虾小蟹，掺在孩子的米饭里。还有一些父母会在米饭里加入甘薯叶，这种绿叶通常被视为下等食材，但这些下等食材却帮了大忙，因为这些食材补充了孩子在饮食中严重缺乏的蛋白质和维生素。

发现了这些“亮点”妈妈的做法之后，斯特宁选择了这样一种推广方法：将妈妈们分组，每十户人家为一组，每个组集中做饭。参加项目的妈妈每天必须带上虾蟹和甘薯叶，定时在临时厨房里集合，先用肥皂洗手，然后筹备餐点。

这样的方法在当地很快就得以落实和推广。原因非常简单，这些方法都是本地人的智慧，源自村民的实践经验，必然现实可行，当地人没有理由拒绝，再加上大家一起做饭的社会压力，改变就是自然而然的事情。

总结斯特宁的成功之道：找到亮点，推广经验。

我忽然想到女神王菲早年的爆红和她模仿两个欧美女歌手有关的事。

那时，王菲虽然歌唱得好，但并没有出名，改了名字也没红，据说还心灰意冷去了国外。

后来她听了爱尔兰乐队 The Cranberries（小红莓乐队）主唱 Dolores 的歌，觉得自己的声音和对方有相似性，开始模仿她的唱腔，练习咽音发声。他们的一首歌《Dreams》就是王菲《梦中人》

的英文原版。

王菲那时还模仿苏格兰乐队 Cocteau Twins（极地双子星）的主唱，这支乐队是她翻唱最多的乐队，她的很多歌曲，如《胡思乱想》《分裂》《怀念》都是翻唱自他们的歌曲。

王菲那时转变了音乐风格，加入英伦、迷幻、摇滚等元素，成功模仿了这两位和自己嗓音有相似性的歌手，加上她自己的努力和天赋，终于，她在乐坛大获成功。

学习和模仿对了，你就容易走向成功。

如果你想改变自己，获得更多的成功，可以寻找自己生命中的那些例外，那些亮点（成功时刻和经历），从自己过去的成功经验中学习，挖掘其中的宝藏，看看当时哪些因素和做法促使自己成功，复制和再现这些有效的因素，你就会再次获得成功。

你还可以去找和你背景、条件相似的人，看看他们的人生故事，找到他们生命中的亮点，模仿学习他人的经验，你也一样能够成功。

现在，请你好好想一想你过去的成功经验，看看对现在的自己会有什么帮助。记住，成功是成功之母。

在这个喧嚣浮躁的时代，我们最需要“知止”的智慧

有一天，我和我妈打电话，听说有个远房亲戚忽然检查出了晚期肝癌，医生说还有一两年的生命。面对这个诊断结果，他一边治疗，一边硬抗着坚持上班。除了治病需要花钱，还因为他的工资比较高，月薪有三万多，想多挣一点钱，死后留给老婆孩子花。

我听了之后，想了很多，为什么不把剩下的时间用来好好陪伴家人？或者做做自己想做而没有做的事情？生命的最后时光，他这样做会不会有遗憾？这拿命换钱，值不值？

也许这位亲戚是基于对家人的爱才做出这样的选择，但我在他身上看到了我的诸多来访者和社会上无数人的影子。

有个年轻人，一毕业就进入一家压力非常大的自媒体公司，上班时“996”是常态，有时连着几个月都是“9117”（早上9点上班，晚上11点下班，一周工作7天）的运转模式。他几乎没有个人生活，不工作的一点时间也因为之前工作太累只想躺着睡觉。

由于久坐和工作压力大，工作四年，二十六岁的他就患上了腰椎间盘突出和胃炎，腰痛发作的时候他只能躺在床上，不能动弹，胃炎发作的时候他大把大把地吃止痛药。他告诉我，在他们办公室，有些领导压力比他还大，抽屉里还备有各种头疼药和速效救心丸。

即便是这样，他说自己也不敢辞职或者停止工作一段时间。因

为他有很多的害怕和担忧，害怕辞职换工作就再也找不到像目前这份年薪三十万，未来还可以不断加薪的工作；害怕自己停下来，就会被同龄人抛弃，大家都在飞速向前，你停下来就会被远远地抛在身后……

我让他思考一个问题：他的身体健康和赚钱、加薪哪一个更重要？他做了一次咨询之后就再没有来过，也许实在是太忙，没有时间吧。

有位女士在微信公众号后台给我发消息，说自己的丈夫因长期加班，工作压力太大，缺少休闲和放松而患上了焦虑症，已经吃抗焦虑药一两年了。除了焦虑症，她的丈夫还有脂肪肝和心血管方面的疾病，每天工作都是硬撑和忍受的状态。

最近丈夫的领导决定给他升职，让他从部门主管升为经理。她和丈夫都有点纠结，不知道到底要不要接受升职，因为升职意味着更大的压力，身心问题也许会更严重。

因为后台的消息比较多，我没有及时回复这位读者。过了两天，这位女士又发来消息说，丈夫已经接受升职了，他们商量过了，为了全家有更好的生活，丈夫决定再拼几年，多赚几年钱。

我不禁思考：什么是更好的生活？不知道再拼几年，他们全家是否会过上更好的生活？她的丈夫是否还有一个健康的身心来享受这样的好生活？

以上这些案例看起来非常极端，看起来是一种本末倒置的活法，工作、赚钱本来是幸福生活的手段，结果成了目的，为了工作和赚钱，牺牲了幸福，生活变得很痛苦。

可是看看我们身边的人，纵观整个社会，就会发现这样的情况又是非常普遍的。

无数人正为了所谓的成功，为了赚到更多的钱，为了满足自身不断膨胀的欲望，牺牲掉陪伴爱人和孩子的时间，牺牲掉自己身体的健康、心灵的健康，以一种涸泽而渔的方式对自我进行严重的压榨。很多人总以为，只要我苦干十年，或者压榨自己十年，未来二十年、三十年就会很幸福，殊不知这样做最后导致的结果是非常惨烈的，可能是身体垮掉，甚至过劳死。

必须承认，在现代社会，金钱确实非常重要，拥有金钱才能换取我们的生存和生活资源。

大城市里的年轻人需要钱吃饭、租房子，要努力挣钱攒钱为以后结婚、买房用；中年人上有老要养，下有小嗷嗷待哺，房贷、孩子教育、各种家庭生活支出让人不敢辞职、不敢休息。

很多人被生存焦虑和经济上的压力压得喘不过气。因此，他们会说自己为了生活，不得不压榨自己的身体，拿命换钱。

可是，就像电影《二十二》里这句台词所表达的那样："这世界真好，吃野东西都要留着这条命来看。"

如果你没有命，还谈什么生活呢？要知道"人死万事空"呀！

其实，我们需要认真审视自己，我们是否真的到了为了生活不得不牺牲自己身心健康的程度？这样的生活状态有多少是真的"不得不"，又有多少其实是自身选择的结果？

我有一个来访者在二线城市生活，月收入五千多，在父母的帮助下，前两年刚贷款买了房，今年又贷款买了车。每个月房贷车贷一还，还要花钱养车，这样下来，生活费所剩无几。为了生活，他开始寻找各种兼职赚钱的工作，每天工作十五六个小时，这导致他缺乏必要的放松和休息，身体和情绪都出现了问题。心情不好，压力大的时候，他又习惯通过购物减压，结果恶性循环，每个月背负的信用卡卡债、网络贷款越来越多，压力更大，生活与身心濒临崩溃。

这位来访者崩溃背后的原因，是他的自我管理出了问题，是处理自我与金钱的关系时出了问题，但更大的问题是消费观和价值观。

如果他秉持“赚多少钱就过多少钱的生活”“量入为出”这样的消费观，克制自己的欲望，寻求更多元的乐趣，他的生活完全可以过得很不错。他的崩溃其实不是被生活所迫，而是自身选择的结果。

就像宫崎骏《千与千寻》中的无脸男，进了汤屋被唤起内心的欲望和贪婪，越吃越多，越吃越胖，最后开始吃人，变得狰狞可怖。

当一个人的消费欲望超过了他的收入可以支撑的水平，就会反噬自身，造成悲剧。

在喝稀粥和吃豪华海鲜之间，在不工作和一天工作十六个小时之间，我们其实还拥有无数的选择。但难过的是，很多人迷失自己，看不见自己拥有的更多选择。

从来没有哪一个时代像我们现在这样鼓吹“成功”，而关于“成功”的定义又是如此狭窄和单一，都是基于外在的物质拥有，比如考取名牌大学、毕业后进入知名公司工作、在大城市里有车有房、年薪百万、可以买得起各种奢侈品……于是，很多人被单一价值观所绑架，陷入陷阱，掉进消费攀比的旋涡，为了打造自己在别人眼中的“成功者”人设而汲汲营营，在喧嚣浮躁的时代丧失了问问自己“什么才是重要的”“什么才是我想要的”的清醒和自我意识。

在成功学和消费主义盛行的大环境中，作为个体，我们非常需要“知止”的能力。

“知止”有两个意思，一是志在达到至善的境地；二是懂得适可而止，知足。

一个人为什么要知止，为什么要到一定程度就停下来呢？

1. 人不是机器，人有自己的限度，人是需要休养生息才能持续产生劳动力的生物。

知止，其实就是懂得设限，知道自己作为人的极限所在，尊重自然，尊重规律。

2. 知止，才能长久。当一个人一味追求金钱，且把所有的时间都拿来工作和赚钱，而且内心也是处在焦躁不安的状态，那他必然无法长久平安地生活下去。没有长久的平安，无法生生不息，也无法积累，无法拥有长久的创造力。

我最佩服的作家是村上春树，出生于1949年，从二十九岁开始写作，今年已经七十岁的他，写作已经超过四十年，且能够持续写出好作品。

他写长篇小说的时候，每天早上四点起床，写上五六个小时，至少写满十张四百字的稿纸，然后就停下来。之后的时间他用来运动、听音乐、做饭、吃饭，然后晚上九点睡觉，第二天早起继续写作。就这样以每天写十张稿纸，一个月三百张，一年三千六百张的规律速度前进着。

不写小说的时候，他就写一些评论、随笔和做翻译，把它们当成自己写小说之前的“暖身”活动。

为了更好地写作，他开始戒烟和跑步，一跑就是三十多年，还重新学习了游泳、铁人三项运动。

他每天早上写作，下午跑步或者游泳，或者两样都做，天天如此。通过长期坚持运动，维持自己健康的体魄。

村上春树说，这样循环往复的规律作息本身非常重要，成了一种催眠术，让他可以保持身心强大的力量写长篇小说。

可以说，因为懂得自律节制，懂得维持身体长久的健康，才造就了村上春树写作上持续四十年的成功。

老子《道德经》第四十四章言：“名与身孰亲？身与货孰多？得与亡孰病？甚爱必大费，多藏必厚亡。故知足不辱，知止不殆，可以长久。”

翻译过来就是：声名和生命相比哪一样更为重要？生命和货利比起来哪一样更为贵重？获取和丢失相比，哪一个更有害？过分爱名利，就必定要付出更多的代价；过于积敛财富，必定会遭受更为惨重的损失。所以说，人懂得满足，就不会受到屈辱；懂得适可而止，就不会遇到危险，这样才可以保持住长久的平安。

这句话放在两千多年后的今天，依然是适用的。一个懂得爱惜自己身体的人，一个关心自己心灵健康的人，一个懂得满足的人，一个知道节制自己欲望的人，一个知道什么时候应该停下来的人，才有长久平安的生活。

愿你有知止的智慧，可以更加长久地工作、赚钱，更加长久地享受到生活的幸福与美好。

你的内部动力被偷走了吗？

1. 你的内部动机是如何被置换的

2014 年年底我开通了微信公众号，刚开始我更新文章是因为自己喜欢写作，也一直以一种与读者分享和陪伴读者的心态在写文。随着时间的推移，我慢慢地拿到原创标识，可以开通留言了，然后又开通了赞赏功能。

这个时候我写文章更有动力了，可是这样一种“有动力”的状态维持了不到半年，我的心态就发生了一些明显的变化。每次发了文章之后，我会特别关注阅读量有多少，会关注读者留言和打赏的情况。如果阅读量不高，留言不多，评价不好，或者读者打赏比较少，我就会觉得失落，甚至感到沮丧。

这样又过了一段时间，我发现我写文章的动力明显不足，写作不再是为了自己喜欢，而是为了追求更高的阅读量、更多的好评、更多的赞赏。

渐渐的，我越来越没有动力写作，写一篇文章会拖延很久。我开始思考：到底发生了什么？

之前我听过这样一个故事。

一位老人家门前有一片美丽的草坪。一天，一群孩子来到草坪上嬉闹，叫声连天。几天过去，老人难以忍受。于是，他给了每个孩子二十五美分，对他们说：“你们让这儿变得很热闹，我觉得自己年轻了不少，这点钱表示谢意。”孩子们很高兴地收下了老人的钱。

第二天孩子们又来了，一如既往地嬉闹。老人再出来，给了每个孩子十五美分。他解释说，自己没有收入，只能少给一些。十五美分也还可以吧，孩子们仍然兴高采烈地走了。

第三天，老人只给了每个孩子五美分。孩子们勃然大怒：“一天才五美分，知不知道我们多辛苦！”他们向老人发誓，他们再也不会为他玩了！

后来，老人的草坪恢复了往日的宁静。

这群孩子原本是为自己而玩，可是当老人给他们钱，并告知这是对他们玩耍的感谢的时候，这群孩子由为自己而玩，变成了为了奖励而玩。所以，当老人的奖励变少之后，小孩们就不玩了。他们的玩耍动力先被置换，后被消解了。

我原本是因为自己喜欢，为了分享而写作的，当写作可以获得阅读量，获得赞赏后，我变成为了更多阅读量和更多赞赏而写作。当阅读量不高，赞赏不多时，我就失去了写作的动力。

我还感觉自己就像一个写作的奴隶，被数据绑架和奴役了，也感受不到写作带来的单纯的快乐了。

我写作的内部动力就这样被置换和消解了。

其实，我想和大家讨论两个问题：在现实生活中，我们做一件事情的内部动力是如何被置换和消解的？我们又该怎样处理这种动力被置换消解的情况？

2. 并不是所有的奖励都是好的

从社会心理学的书上，我学到一个很有意思的概念——“过度理由效应”，这个概念可以用来解释这种情况。

“如果人们自己对某种活动有兴趣，则外加的奖励会成为过度理由，损伤人们原有的兴趣。外加的奖励诱导人们为使行为的外部过度理由得到解释并维持认知的平衡，而必须消减自己原有内在的理由，从而造成‘过度理由效应’，即外在过度的理由有伤害内在动机的作用。”

人们原本的认知和行为是平衡的，当获得外加的奖励时，这种平衡被打破了，为了重新获得对自己行为解释的平衡，人们就会告诉自己：“我是为了这个奖励才这么做的。”这时，他的内部动力就失去了。与此同时，如果取消外在的理由，通常是奖励，就会造成“不充分理由效应”，人们会终止行为。

关于“过度理由效应”有个非常经典的实验——德西实验。

1971 年，德西和他的助手以大学生为被试对象，请他们分别单独解决有趣的测量智力的问题。

实验分三个阶段：

第一阶段，每个被试自己解题，不给奖励；

第二阶段，被试分为两组，实验组被试每解决一个问题就得到一美元的报酬；

第三阶段，自由休息时间，被试想做什么就做什么。目的在于考察被试是否维持对解题的兴趣。

结果发现，与奖励组相比较，无奖励组休息时仍继续解题，而奖励组虽然在可以获得报酬时十分努力地解题，但在不能获得报酬的休息时间里明显失去了对解题的兴趣。第二阶段时实验组的金钱奖励，作为外加的过度理由，造成明显的“过度理由效应”，使奖励组被试用获取奖励来解释自己解题的行为，从而使自己原来对解题本身有兴趣的态度发生了变化。到第三阶段，奖励一旦失去，对态度已经改变的被试而言，没有奖励则没有了继续解题的理由。而无奖励组被试对解题的兴趣，没有受到“过度理由效应”的损害，因而在第三阶段仍继续着对解题的热情。

其实人的大脑和思维是很容易混乱的，一旦做一件事情的理由太多，就搞不清楚我是为自己做，还是为了别人而做。

“过度理由效应”给人们启发：如果我们希望某种行为得以保持，就不要给它过于充分的外部理由。

放在孩子学习上，就是：父母要注意对孩子的奖励方式，不要让他以为自己是为了奖励而学习。这样会导致一个很严重的后果：没有了奖励他就不愿意学习了。

其实不仅仅是奖励会成为“过度理由”，惩罚也是。

我有一个来访者，他从小时候起学习就是在父母严厉的监督和高压下完成的。如果不认真做作业，父母会打他或者骂他。

每年寒暑假，父母一出门他就不学习了，一听到父母回家的声音他立刻假装在学习。父母回到家的第一件事就是去摸电视机的后盖，看看他之前是在学习还是在看电视。

长此以往，这导致的问题是，上了大学，脱离父母的监督和控制之后，他根本没法控制自己，开始没日没夜地打游戏，大学第一年挂了十门课。

大学他读了五年，好不容易才毕业。后来，他工作了，同样的问题依然存在，他只有在上司的催促和要求之下才能完成工作，不然就是浏览网页，一天都在上网中消耗掉。

生活也是如此。女朋友在，就会收拾一下家；不在，家里就是一片混乱。

他的工作和生活陷入了失控——自责——继续失控——继续自责的循环状态。

在他的心智模式中，认为自己做的所有事情都是为了别人，为了父母学习，为了领导工作，为了女朋友搞卫生，而不是为了自己。在工作和生活中，他几乎找不到“自我”。

他的问题在于因为过度的外在约束（父母过多的监督和控制），使得他自己的内部约束（自我管理和自我控制）的能力没有培养和发展起来，一旦没有外在的控制，自我就是失控的状态。

要解决他的问题，不仅要培养他的自律精神和能力，还需要让他自己在做这些事情的过程中体会到自己的感受，感受到来自自己内部的动力，感受到“我”的存在，从而激发“我”的动力，“为我行动”。

而这是一个很漫长的过程。

作为父母，如果想让孩子拥有自律的能力，并不是对他严加控制。恰恰相反，父母应该学会放手，让孩子独立自主，给孩子机会和空间学习管理自己，慢慢地，他才能发展出自我管理的能力。

一味他律，缺乏自律，当外在约束消失，自我将陷入失控与放纵之中。

3. 不忘初心，方得始终

我的一个朋友说：“不要把兴趣变成你的工作，那样你会失去这个兴趣，也会厌恶你的工作和生活。”

我相信类似这样的话很多人都听过。导致这种情况的一个原因在于：一旦兴趣变成工作，工作带来的压力、责任（惩罚）和物质回报（奖励）就会消解一个人的动力，将原本喜欢的兴趣变成不喜欢的工作。

但是还有一个很重要的原因在于，他们所谓的兴趣并不是“真的兴趣”，他们其实并没有那么喜欢做那一件事，更多的是一种游戏或者“叶公好龙”的心态，看到别人在做这件事，自己也去做。结果兴趣变成工作之后，要么发现自己的能力跟不上工作的要求，产生了挫败感，要么发现自己其实没有那么喜欢做这件事。

如果一个人真的喜欢做一件事，他的内在动力不会那么容易被消解。

另外，关于内在动力被置换与消解的情况，我认为是可以避免的。那如何避免内部动力被外部的过度理由置换与消解呢？或者说，如何保持做一件事的持续动力呢？

我有几个方法可以分享给大家：

（1）控制工作的强度和节奏。

任何工作，哪怕是由兴趣转化成的工作，如果工作过度，就会给人带来疲惫和耗竭感，而疲惫和耗竭感则会降低人的动力。有节制，有良好节奏的工作状态，则可以让我们工作的动力细流长流。

有句话说，想要保持好胃口，就不要吃得太多。保持适当的饥饿感，我们才会有吃饭的动力。

Stay hungry, stay foolish.

（2）跟随自己内心的动力，不要过度勉强自己，以减少内部动力的消耗。

很多时候，我们虽然在做自己喜欢的事情，但是因为有外在的奖励或者压力，我们就会强迫自己，有时心里不喜欢做，也会强迫自己，勉强自己久了，就会导致自己内部动力的流失。

所以，跟随自己的内心非常重要，凡事不要太勉强自己。

我现在更新微信公众号不像之前那样给自己压力了，有动力的时候就多写，没有动力的时候就不写，这样反而能够让写作的动力源源不断。

（3）重视过程而非结果，在过程中体会做这个事情给自己带来的感受。

这其实就是活在当下，当一个人越是活在当下，他的内在就越不机械，越不容易落入自动驾驶模式，他就能感受到很多流动的、细腻的东西，那样他的内在动力就容易保持住。

（4）激励是一种策略，不要给自己单纯的物质刺激，而是学会激发一个人的内部动力。

激励要讲方法，不能只靠外在奖励，有时精神上的认可非常重要。如果我想到一个新的选题，写了文章，即便文章阅读量不高，赞赏不多，我也感觉很开心，因为我会认可自己，认为自己没有重复之前的话题，而是尝试了新的选题。

父母激励孩子也是一样，有时候孩子把一件事做好了，不给物质奖励，但是我们内心真诚的肯定、口头上积极的认可，都会激发孩子的内在动力，使其持续不断地努力。

（5）常常提醒自己不忘初心。

学习的最初动机是满足好奇心，获得学习的快乐，而不是为了考试，为了父母；工作也不仅仅是为了钱和收入，还为了成长的快乐。回到最初的纯粹上，我们就能收获更多的快乐与满足。

当我们做一件事情，外部的理由越来越多地成为我们行动的动力时，最好停下来，提醒自己不忘初心，问问自己为什么出发，这样我们也许又会充满动力了。

（6）建立属于自己的内部评价体系。

人的动机分两种：内部动机和外部动机。人的评价体系也分两种：内部评价体系和外部评价体系。

建立起自己的内部评价体系，学会为自己玩，而不是为别人或者奖励玩，这才是真正能让一个人保持源源不断动力的方法。

如果将外部因素作为参考标准，我们很容易受其影响，出现动力不足的情况，因为外部因素我们是无法控制的，就像我写这篇文章，阅读量、赞赏量并不是我能控制的，如果我按照这些因素来考量自己的行动，就很容易出现情绪波动，行为的动力也会受其影响。

再比如，同样是打工者，一个是为了老板打工，一个是为了自己打工。前者在自己努力工作，但老板没有给他奖励和肯定的情况下，他就会减少努力；后者会思考自己在工作中学习到了什么，自己有没有进步，离自己的目标是否更近一点。这样，即便老板没有给他奖励，他也会努力工作，而这种努力时间一长自然会得到回报。即便这个老板不给他认可，换一个公司，换一个老板也会给他认可，或者他自己创业，市场也会认可他的努力。

愿你能建立起属于自己的内部评价体系，拥有源源不断的内部动力，“为自己而玩，玩得精彩”。

注：文中提到的德西实验内容来自（美）戴维·迈尔斯《社会心理学》一书。

带着问题去生活，带着问题往前走

我跟一位心理医生聊天，他提到心理疾病的治愈有一个判断标准——“控制症状到不影响正常生活”就算治好了。

比如，一个人有严重的强迫症，每天强迫洗手超过五个小时，双手都快洗破皮了。正常生活受到了影响，他无法正常工作和睡觉，如果通过药物和咨询，将其洗手时间控制在一天一两个小时，同时他感到没有之前那么痛苦了，能够接受自己的状态，可以正常工作、生活了，就算心理疾病治愈了。

这个人可能一辈子都无法完全治愈他的强迫症，但是他能够带着症状好好地生活。

这就是一种成功的治疗。

很多时候，心理咨询或者心理治疗的目标就是教人“带着问题去生活”。

曾经有个大学男生写信给我，说自己喜欢年纪比自己大几岁，甚至十岁的女生。他很欣赏她们成熟的心智与思想，对同龄人则无感。他觉得自己这样有心理问题，担心自己是不是不正常，是不是心理变态，然后问我该怎么纠正自己。

我回信说，正常与不正常大部分是基于一种社会判断，社会肯定你是正常，你就正常，反之你就是不正常。假若一个人有自己的

“不正常”之处，且这个“不正常”既不违法也不会给别人带来困扰，那这个“不正常”本身变得并不是很重要，如何面对这个“不正常”才重要。

他可以去探究自己为什么喜欢年纪大的女性，看看自己和家里异性亲人的关系怎么样，想想自己第一次喜欢的女生是怎样的，然后通过这些增加对自己的了解。

我还说，喜欢比自己年龄大的女生其实没有什么问题，只要不影响别人，不影响自己正常的生活就可以了。世界上有很多人和他一样，他不需要非得“纠正自己”，与其改变自己，不如了解自己，接纳自己。

在微博上，我发过一段话：心理咨询很多时候做的工作是教会一个人在“认命”的基础上积极生活。比如一个人因为意外失去了右手，内心痛苦，无法振作起来，心理咨询无法帮助这个人重新长出右手，但是可以帮助他在面对失去右手这个情况时不再那么伤心和痛苦，然后学习用左手吃饭、刷牙，好好过接下来的人生。也许他偶尔还会为失去的右手感到伤心，但他基本接受了自己，接受了现实。

改变现实是一种成长，接受现实也是一种成长，很多时候问题会产生就是因为不接受现实，逃避现实。

心理学家李维榕在《为家庭疗伤》中讲了这样一个故事：亚祖已经二十八岁了，却游手好闲，对什么事情都没有兴趣，唯独见了女性的脚，会禁不住动手去摸，因为这个几次被人告上法庭。父母带着他见过很多专家，证实他是个恋鞋狂。但如何起因、如何治疗，都没有具体的说明。亚祖的父母都是衣着谈吐不俗之人，母亲还是一家大公司的人事部主任，他们对儿子的“出轨行为”很焦急。父母和感化官三个人连拉带推把亚祖扯来见李维榕，希望她能够改变亚祖的恋鞋癖。

在咨询过程中，大家说话都转弯抹角，谁都忌讳，不提鞋子的事情。李维榕在咨询过程中心生一计，将自己的鞋子脱下来，交给亚祖并问他：“你喜欢我的鞋子吗？”亚祖接了鞋子又立即将其放在咖啡台上，忙说：“不喜欢！不喜欢！”李维榕继续跟他谈鞋子，觉得自己的鞋子款式不错。又问他：“你是喜欢鞋子还是喜欢脚？”这是两件不一样的事，李维榕跟他解释了二者的不同。亚祖深思之后，回答：“我最喜欢的是鞋子在脚上一穿一脱的动作。”一边说着还一边用手比画着。

作者与亚祖的谈话大部分是为了说给父母及感化官听的，目的是希望他们习惯以轻松一点的方式，来正视亚祖的奇怪嗜好。因为她认为：“他们在第一次听到儿子有恋鞋癖时，就被这名词吓僵了，根本没有想到症状本身不是大问题，问题是儿子完全没有责任感，不肯过正常生活。而且每次被抓，受罪的都是他的父母，亚祖装疯卖傻的，很容易就把官司打发掉。”

李维榕对亚祖说：“你父母可能不知道，恋鞋也好，恋脚也好，这种嗜好虽然古怪，本身却并不碍事，只是你已经二十八岁了，难道想一辈子就在女人鞋堆中过掉？”感化官马上补充道：“或在监狱中过掉？”

李维榕对亚祖说：“你想做个坐牢的恋鞋狂，还是个自由的恋鞋狂？将是你自己的抉择。”

亚祖后来在一家鞋铺找到了一份售货员的工作，天天为女士们穿鞋脱鞋，可想而知，他工作得很卖力，再也没听到他惹上官司。

这个故事是不是很有趣？症状本身并不是问题，非要改变症状反而是问题，借由症状，不肯好好生活才是问题。

这里的“症状”可以理解为生活中任何一件让人不舒服，或者让自己有别于其他人的事情。

亚祖的问题不在于恋鞋癖这个“不正常”的症状，而在于他知法犯法，并且利用自己的不正常逃避自己要面对的生活难题和责任，比如找一份工作养活自己。

他的父母也因为他有病，无论他犯了什么错，都为他解释，把他宠坏了，使得他没有机会学习为自己的行为负责，不肯为自己的人生努力。

这样的例子我们在生活中会见到很多。

我有个远房亲戚，中年男性，他因为肥胖，最近被诊断出有轻度的脂肪肝。医生建议靠控制和调整饮食，以及锻炼身体来治疗。

于是，家人为其做的饭菜中减少了一些油腻的肉类，饮食变得稍微清淡了一些。还督促他散步，做运动。

轻度的脂肪肝本身并不是什么大毛病，可是这位亲戚的态度让家里人很崩溃。他觉得自己的身体不好，还认为从此自己都要吃清淡的食物，与美食无缘了，因此他非常悲观消极，不愿意运动，情绪起伏很大，动不动就对家里人发脾气，妻子、孩子苦不堪言。

同样的病情，不同的人会做出不同的选择。有的人不接受现实，自暴自弃，消极逃避，有的人则接受自己患病的现实，带着疾病积极地生活。

我遇到有的人因为小时候父母离婚，内心充满了自卑和怨恨。当他学业不好时，他会认为都是父母离婚的错；工作不顺利时，他也会怪父母离婚；生活过得不好，不开心时，他也会怪父母离婚；找不到恋爱对象时，他还会怪父母离婚……

一直以来让他画地为牢的是他的想法：因为父母离婚毁了他的正常生活。

父母离婚确实会让孩子受伤，但父母离婚本身并不会真的毁了一个人的正常生活，而那种躲在“父母离婚”的借口下，不愿意为自己的生活负责，不愿意面对自己应承担的责任，那种逃避困难、逃避选择、逃避责任，不愿努力让自己过上正常生活的想法和行为才会真正毁了一个人。

没有谁的人生是完美的，我们每个人，其实多多少少都有一些所谓的问题，有的人是焦虑、抑郁，有的人是有恋鞋癖、恋母情结，有的人是脸上有块胎记、手指有点残疾，有的人是父母离婚、家境贫寒……这些问题本身并没有那么可怕，它们并不是我们的全部，也不会毁掉一个人的人生。

以自己的问题为借口不好好生活，不肯为自己的选择负责，不肯为自己的生活负责，才是对一个人最大的伤害。

学会接纳有点问题的自己，学会以更轻松的心态看待自己的问题，带着问题去生活，带着问题往前走，一直走，好好经营自己的人生，我相信这样的人能够为自己的人生寻找出口，能够去实现他自己的梦想，也能拥有幸福的生活。

做一点是一点

如果要谈养育孩子这个事情给我带来的非常大的挑战，同时也是非常大的收获是什么，我会说，是让我从完美主义中进一步地挣脱出来。

当然，养育孩子之前，我就一直在改善自己个性中完美主义的部分，或者说是改善自己身上适应不良的完美主义。

适应不良的完美主义者对自己高标准、严要求，并且不相信自己有与之相匹配的能力，但他们又不肯降低标准，于是高标准只会引发他们的挫败感，遭遇失败时提醒他们自己的不完美。

我的完美主义体现在很多方面，比如做事要求比较高，做不到容易沮丧；常常为了追求细枝末节处的完美而影响了整体的完成度；害怕失败；因为有“要么不做，要么就要做到最好”的完美心态，导致很多事情拖延着不去做……

养孩子之前我的完美主义已经改善了不少，现在孩子养了一年半，自认为改善了更多。主要体现在时间管理和做事方式上，以前的我会希望有整块的时间来做一件事，现在的我有一点时间就做一点事情。

这样的时间管理方式当然与带孩子导致的时间碎片化有关。比如做事情做到一半，孩子让我陪她玩，玩了半个小时之后，我只剩十五分钟可以工作，因为接下来要哄她睡觉。或者刚给孩子喂完晚饭，一会儿还要给她洗澡，这中间，我只有半个小时的时间做事。

以前我会觉得“这十五分钟根本什么都做不了”，现在则是“我有十五分钟，我可以做点什么。”

比如，这篇文章的开头就是我利用孩子吃完午饭后跟爷爷玩的那二十分钟写的，中间部分是孩子爸爸给她冲奶喂奶，陪她读绘本时写的，后半部分是我哄孩子睡着之后，从床上爬起来写的。

《就因为“没时间”，才什么都能办到》的作者吉田穗波是一名朝九晚五的妇产科医师，每天花三个小时在上下班路上，还要接送孩子，带孩子，当时她大女儿两岁，老二只有两个月。

在这样的情况下，她还想看书准备考哈佛大学。

她是怎么做到的呢？

书中提到了很多时间管理的方法，其中之一便是放弃完美主义。

事情一件件的来当然比较轻松，但是如果这样，她就没法备考了。于是，她采用了同时做两件事情的方法。晾衣服时想着怎么回电子邮件，午休时填写孩子的托儿所所需文件……就这样，让很多事情齐头并进。

她生活中有两个小故事令我印象深刻。

有一次，吉田穗波很想参加一场晚间读书会，七点到九点，但她又需要八点前回家陪孩子。

换很多妈妈可能就想：算了，不去读书会了。

吉田穗波是怎么做的呢？

她只参加了四十分钟的读书会，她说“有四十分钟的收获，比完全没去强太多了”。

还有一次，周末他们全家一起去图书馆看书备考。丈夫带着三岁的大女儿在绘本区玩，她背着二女儿做题。但是二女儿还很小，不可能让大人乖乖背一上午，孩子一会儿手舞足蹈，一会儿牙牙学语。

担心吵到旁人，吉田需要停下做题哄孩子。可是刚哄好老二，老大又跑来说肚子饿，要全家出去吃饭。

所以，她的 “周末图书馆学习之旅”就是断断续续的，但她并没有放弃，安慰自己“有进步就好”，觉得周末能读个两三页书就该庆幸了，心态真的超级好。

她还认为,有时候正是因为时间短,更容易专注,学习效率更高。

在《稀缺》这本书中对时间稀缺的研究也印证了吉田的观点：有截止日期的优惠券，使用率高；在靠近截止日期前，人们的工作效率更高。时间稀缺会带来一个好处：“专注红利。”

吉田后来不仅上了哈佛大学，顺利完成了学业，还生养了五个孩子!

吉田穗波强调，想多元利用时间的妈妈们需要把“非要完成”、“完美”改成“做一点是一点”，就会有新突破。

这也是我在带孩子、工作和个人放松上正在实践的方式。

要出门工作，还有十五分钟可以陪伴孩子，我会选择陪孩子；带孩子的间隙只有十五分钟可以工作，我会回复邮件和处理微信上的信息；只有二十分钟时间属于自己，我也会翻看几页书，或者看二分之一集电视剧。

昨天下午只有一个小时多一点的时间带孩子骑车去公园玩，我和孩子爸爸也选择去了。后来我们在出发的时候又出了一点状况，真正带孩子出门骑车玩耍的时间其实不足一小时，但是至少孩子在那段时间玩得很开心。

当然，不是所有的妈妈都需要像我这样对时间安排按分钟计算，但是贪心的妈妈想育儿、工作、个人生活都能拥有，就需要这样做一点是一点、允许事情不完美、允许事情不能一下子都做好的时间管理方法。

我有一个同学，每天上班坐地铁要换乘两趟车，一天要花近三个小时在路上。可是她却利用这段时间看了很多文史类的好书，还借此通过了两个资格证书的考试。

地铁里人很多，又要换乘，看书时干扰也挺大的，我问她："地铁上看书，你记得住吗？"

她回答我："肯定不是所有看过的东西都能记住，就算在家里看也一样记不全，但是记一点总比什么都没记住强。"

在生活中，很多人都会掉入一个"全或无"的思维陷阱里，觉得我要么不做，要么就做到非常完美。

结果，这往往会导致拖延行为。

很多人会想，等我辞职了，我就环游世界，可是却做不到利用每年的法定假期加上年假、调休的方式，先环游几个国家。

还有很多人会想，等我换一份不忙的工作，就去健身房减肥，瘦成一道闪电，可是却做不到利用每天十五分钟的时间在家锻炼，几个月后慢慢瘦个五斤八斤。

很多人在工作或者学业上的拖延也是如此，"等我有了更多时间，等我做了更充分的准备，我一定就能把这事情做好”。

这其实是被完美主义捆住了手脚。

任何一个宏大的目标都是由很多细微的小目标组成的。如果在当下有限的资源里，放弃完美主义，克服拖延，付出行动，努力达成这些小的目标，过一段时间回头再看，那些宏大的目标也就逐渐实现了。

在陪伴孩子这件事情上这一点体现得最明显，有不少父母总想等自己换一份不那么忙的工作，或忙过这一阵，再或者多赚一点钱之后，再好好陪伴孩子。但是，如果有意识地让自己每天都花一些时间陪伴孩子，长久下来，就是在好好陪伴孩子成长。

很多事情也是如此，只要一点点去做，那些看起来遥远的目标就会变成现实。

与其“要么不做，要么就做到最好”，不如“做一点是一点”。

千里之行，始于足下。

不要幻想毕其功于一役，什么事情都又快又好地做成，也不要怕什么山高路远，进一步有一步的欢喜。

你的人生，由那些微小而有力量的改变铸成

1. 慢慢改变的能力是美好生活的强大武器

我租住的小区居民人数众多，小区的路口宽敞又临街，每天早上和晚上，路口都摆着各式各样的小吃摊，卖臭豆腐、凉皮、炒饭炒面之类的。

有一个卖煎饼的姐姐让我印象深刻。她看起来三十五岁左右，身材匀称，皮肤白里透红，穿着打扮也很得体，看起来整个人落落大方。每天早上她和丈夫会推着一辆三轮车出摊，每做好一个煎饼，她都会问顾客："你是要卷土豆丝、油条还是香肠？"通常每一个顾客都会选择加一两样东西，然后她的丈夫卷好煎饼递给顾客。就这样，她额外卖出了不少配菜。

她的煎饼摊是所有摊位中看起来最干净的，再加上煎饼好吃，她的动作又麻利，因此他们家摊位的生意是整个小区最好的。

过了几个月，我发现她家的三轮车换了，换成了上海街头常见的红色早餐车。崭新、宽敞又鲜艳的早餐车非常引人注目，同时也给人一种安全放心的感觉。早上出门，我总能看到他们摊位前排队的人群和这对夫妻忙碌的身影。

又过了几周，我发现早餐车旁边，他们又放了一个台子，上面

摆了几只铁桶，开始卖黑米粥、白米粥以及豆浆，还加了两个人手。他们家的早餐摊经营的产品种类和员工数量都进一步扩大，成了小区最大的早餐摊，生意也更加红火。

如果有人预测这家人以后会找一个店面，开一家早餐店，或者饭店什么的，我会十分相信，因为我看到他们拥有一种慢慢改变的能力，而这个能力是一种非常强大的武器，可以帮助他们获得美好的生活。

2. 别为了所谓的完美改变，失去了当下生活

我想起朋友云紫的故事。她是个女生，十年前从小镇来上海求学，毕业后留在上海工作。刚参加工作那一年，她常常加班到晚上九十点钟，月薪只有一千二。她和另外三个女同学挤在一间二十平方米的老旧出租房里，那栋房子的年龄快和她们爸妈一样大了。有的时候，几个女生会因为使用卫生间的次数、冰箱里的食物莫名少了、家务分配不公等问题发生矛盾和争吵。房东不肯配洗衣机，每次洗好衣服晾晒时，楼下的住户会因为她们的衣服滴水而破口大骂，搞得大家心情都很糟糕，天天抱怨生活的艰辛。不过因为大家都是远离家乡，同在上海奋斗的同学，同病相怜的同时又相互支持，很多困难凑合着也就过去了。

云紫那时想租住在一个新小区，一个家电全配的一室一厅，有一个阳光可以照进来的大阳台，她可以晾衣服，可以在那里种满花草，可以搬一张躺椅坐在那里享受下午茶。最重要的是，她要一个人住！她那时喜欢对我说的话是："等老娘有钱了，老娘要一个人

住！要享受一个人的下午茶！”对的，一个人住就是云紫当时最渴望的改变，最大的梦想。

两年过去了，云紫换了工作，也升了职加了薪，出租房里一个同学回老家发展了，还有一个同学搬出去和男友同居了。云紫想搬家，但是担心外面的房租太贵，找不到合自己心意的房子，也担心一个人太孤单，于是继续和原来的一个室友住在那里。那时，她告诉我，她打算多攒一点钱，想在上海买房。是的，买房，那是属于自己的房子，而不是租来的房子。她开始说：“等老娘发大财了就买房，然后一定好好布置自己的家，家里全摆上自己喜欢的家具和摆件，整理得干干净净又文艺清新。”

再后来，那个室友因为工作变动，也搬离了那间出租屋，但云紫还住着。这回终于一个人住了，但没有阳光照耀的阳台，没有花花草草，没有全配的家电，还是一样老式丑陋的家具，卫生间的马桶每周都堵，冰箱不制冷，云紫只添了一台二手洗衣机，还是半自动的。她的工作依然很忙碌，薪水快过万了，可上海的房价比她的薪水涨得更厉害，外地人购房的政策也变了，她的买房梦显得遥遥无期。

如果不是后来云紫交了男朋友，也许她还会一直住在那个老旧的房子里。她的男友虽然薪水和她差不多，但是比云紫更懂得生活，知道房子是租来的，但生活不是。

他们买不起房，但租得起一个宽敞明亮的一室一厅。新房里有整洁的厨房和大阳台，男友自己动手贴了好看的壁纸，他们还一起买了书架和双人沙发，换了优质的新床垫，在阳台养了几盆花草。不加班的周末下午，她和男友可以坐在阳台上喝茶聊天。云紫终于过上了自己梦想的生活，但是她没有发大财，也没有买房。

云紫告诉我：“我一直想要重大的改变，而不屑于那些点滴细微的改变。以为只要发生重大的改变，比如换了工作、赚了大钱、买了城市里的房子……我的生活便一切都会好起来。可后来才发现，如果没有点滴的改变，也许重大的改变也很难发生。而且，生活的残酷在于，你渴望的重大改变往往像空中楼阁，有很多是不切实际的。当你一心迷恋远方的空中楼阁时，也许就错过了当下最美好最真实的生活。”

其实，云紫就是我的一面镜子，有很长一段时间我和她是一样的，总是幻想着来一场重大的改变，等我换了一份高薪的工作，等我存够了钱，等我拥有了一份属于自己的事业，等我买了房……我的生活一切都变好了，或者从此我就幸福快乐、无忧无虑了。

在生活的诸多方面，我也秉承着这样的思维方式：“算了，今天不做家务了，等我下次来一个彻底的大扫除。”“等我以后有很多时间了，我再来写想写的小说。”“等我辞职以后，我就可以去很多地方旅行。”可是结果呢？我的家里长期以来乱糟糟的，每搞一次大扫除都把自己弄得精疲力竭，自己对家务活更加深恶痛绝；我想写的小说仅仅是在脑子里盘旋，迟迟未动笔，一个字也没写；我辞职了，但是没有到处旅行，而是换了一份更忙碌的工作，更加没有时间旅行。

我慢慢意识到，如果总是渴望完美的重大改变，而忽略了眼下自己可以做的小小改变，那我将错失无数可以改变的可能性。我的完美主义倾向让我不能活在当下，而总是活在对未来的幻想中，最终失去了自己原本可以拥有的不完美但美好的生活。

3. 人生是由一个个小时中那些微小而有力量的改变决定的

生活中，有很多人也是如此。

我有一个来访者，女性，她的梦想是自己创业，开一家咖啡店。她会做好吃的甜点，也在咖啡行业累积了丰富的经验，也有充足的资金开一家小店，但是她会觉得，“我做的东西还不够好，我的钱还不够多，我要开一家至少一百平方米的咖啡店，里面还要摆上很多的图书。”于是她迟迟无法向自己的梦想迈进，并且一直抱怨自己目前的生活多么糟糕，只能给别人打工，每天都忙碌到没有时间做自己想做的事。

我曾问她：“你是否想过，先开一家十几二十平方米的小店，然后在经营的过程中慢慢地完善，结合顾客的意见和反馈，让自己做的东西更好，等经营好了，再扩大店铺的规模？”

她说：“我从没有想过，我想过的都是一步到位。”我又问：“一步到位之后会怎样？”她答：“那我就成功了，享受成功的果实就好了，那时生活真是太美好了！”但事实真的如此吗？先不说这个“一步到位”的梦想能否实现，即使最终到来，是不是如她想象得那样美好呢？

生活本身是一个问题接着一个问题的叠加，不可能有一个“一切都好了”的终点，除非你的生命完结了。

有不少人跟我说他们想转行可最后却没有成功，这其中的原因多半是他们渴望来一场快速而巨大的改变，比如我只要花一点时间就能顺利转行（从 IT 从业者到摄影师，从市场营销员到自由写作者），而且我很快就能做到自己满意的那个位置，并且薪水不会比现在的低，短期内我的生活水平也不会下降……可世界上哪有那么好的事呢？

他们没想过从一些小的改变入手，可以慢慢获得更大的改变。比如，我先累积几万块做转行储备金，我愿意每天下班后，花上两三个小时学习新行业的知识，周末我可以上一个进修部或者培训班。这样坚持一两年后，找到一些机会转行，先从新行业中基础的岗位做起，学习知识、累积经验，然后一步步地提升。任何人如果做到这些，一定可以顺利转行，可惜很多人无法克服人性中急功近利的一面，没有这个耐心慢慢地改变自己！

如果你对自己不满意，那该如何改变？如果 1（100%）是理想中的你，你评估现在的自己是多少呢？是 50% 吗？那改变就是提高 1% 的自己，从 50% 的你变为 51% 的你，而不是想着一下子从 50% 的自己变成 100% 的自己。

那怎样算是提高 1% 的自己呢？从当下你可以做的事情开始做起。你想要自己变得健康，拥有迷人的马甲线，今天就少吃一点，多走走路，或者跑个五百米；你想要拥有舒适的居住空间，今天也许可以买一束花回家，或者仅仅整理下自己乱糟糟的茶几；你想让自己富有学识，变得有趣，今天就可以找一本好书，看上二十页……

无论你对现在的自己多么不满意，你觉得目前的生活多么糟糕，也无论你未来的目标多么宏大美好，现在你总能找到一些事情，做出一些小小的改变，朝着未来迈出小小的一步。

仔细观察你自己是否有“全或无”的思维方式：要么不做，要么就做到完美。如果有，学会适当减弱自己的完美主义倾向，将你的理想、梦想、宏大的目标做出分割，分解成一个个现实而微小的目标，然后在当下有限的资源里，集中精力，不再拖延，付出行动，努力达成这些小小的目标。

如果你尝试了，相信你一定会在这一点点的改变中获得很大的信心，并认识到只要一点点去做，那些看起来遥远的目标就会变成现实。并且你会明白，人生并不是由那些重大而完美的改变铸就而成的，而是由一个个小时，一天天，一月月中那些微小而有力量的改变串联而成的。过去你为自己渴望的人生付出的每一分钟，决定了未来你会拥有一个怎样的人生。

所有的改变都是一个缓慢的过程，那些所谓的重大改变，也是经由之前无数细小的改变积累后，量变达到质变的结果。

生活就像流水，会永远不停地流下去。当你对当下不满意时，不要想着等到以后我要如何如何，或者三五年后我会如何如何，而是做一个更明智的选择：下一分钟就开始改变。你的每一分钟，甚至每一秒钟都可以选择，选择让自己改变，选择让自己变得更好。

Part 2
亲密关系

幸福的婚姻没有模板，而是找到适合自己的相处之道

外表不般配的男女，在别人看不见的地方却很相配

前段时间，有个女性朋友在微信上问我，她正交往的男朋友比自己小五岁，他们一个是南方人，一个是北方人，如果以后两个人步入婚姻，是不是会有很多矛盾，不容易幸福？

我问她为什么会这么问，她说，不是很多人都说姐弟恋、南北差异会导致婚姻不幸福吗？她还说，不是都说，婚姻要幸福，要男大女小，要三观相近，生活习惯相近吗？

可是，婚姻、亲密关系是非常复杂的事，幸福的婚姻也没有一个绝对标准的模板，婚姻中两个人的差异大不大，三观、教育背景、生活习惯是不是相似都无法确定，甚至可以说一千对男女，就有一千种相处的模式。

随着年龄增长，自己做心理咨询的经验增多，同时也在婚姻里摸爬滚打了几年，我对于他人的亲密关系不再像年轻时那样轻易评判了，比如年轻的时候看到一个如花似玉的年轻姑娘站在比她大十几岁、看起来又矮又丑的男人身边，我极可能会说，这个女孩肯定是冲着对方的钱去的，以后肯定不会幸福。

现在的我，深知外表看起来不相配的男女，也许在别人看不见

的地方其实很相配，彼此都是对方想要的那个对的人。

朋友 H 是个骨骼比较大，身高一米七，微胖的女性，给人的感觉有点像《权力的游戏》中的女武士布蕾妮。H 的丈夫虽然身高也有一米七，但是因为比较瘦，和她在一起，看起来非常不登对。当初在外界普遍不看好的情况下，H 义无反顾地选择嫁给对方，婚后这么多年过去，两个人生儿育女，将日子过得风生水起，比恋爱时还恩爱，大家反而从最初的不看好变成了羡慕。

这对外表看起来差异很大，不登对的男女，在生活中和情感层面上却意外地协调与适合。

H 丈夫的审美标准并不是现在很多人认同模特身材、网红脸那般，他就喜欢 H 的大块头和肉肉的身材，他觉得这样丰满的女性就是最美的、最有女人味的。

在他们谈恋爱的时候，他常常目不转睛地看着 H，眼中充满了无限的爱意和温柔，说她是世界上最好看的女人，是最完美、最可爱的女人。

可以试想一下，生活中一定有很多人觉得 H 太高太胖了，觉得她不好看，不够美，但是却有一个男人觉得她好美，她的感觉是不是就会特别好？是不是很愿意和对方在一起？

H 的脾气比较急躁，但是她的丈夫三言两语就能让她安静下来，她也容易被丈夫逗笑，听得懂他说的很多冷笑话，在她眼中，丈夫是个非常幽默风趣的人。

H 的丈夫说，他最喜欢和 H 聊天，因为她很懂他，自己说的笑话只有她最懂，看着对方笑，自己也跟着开心起来。

在美剧《欲望都市》中 Mr.Big 对 Carrie 说："纽约有许多美女，但事实上，过了一阵子之后，你只想跟能逗你笑的人在一起。"

是啊，哪个人会不喜欢逗自己笑的人呢？又有哪个人不喜欢容易被自己逗笑的人呢？

在亲密关系中，双方在一起舒服不舒服，开心不开心，比外表看起来般配不般配更重要。婚姻关系、亲密关系，是最如人饮水，冷暖自知的事。

作为旁观者，我们对别人的婚姻真相其实知之甚少，有的时候那些差异很大，甚至别人觉得他们相处会很有问题，或者认为他们的生活方式很奇葩的夫妻也一样能在婚姻中收获自己的幸福。

59 年不在家做饭的夫妻，也可以过得很幸福

之前网络上有一对上海徐汇的八旬老夫妇火了，原因是他们结婚 59 年从不做饭。退休之后两个人更是每天花 100 元，手拉着手在外面吃，吃得开心又浪漫。

老奶奶面对镜头笑着说："两个人都不会做饭，偶尔试做一次，就是不好吃，他不吃，我也不吃。"她还说，因为常年在外面吃，家里的厨房不开火，煤气表显示都是零。

有很多话总是在强调婚姻中吃饭的重要性："婚姻就是柴米油盐酱醋茶""女人要让家充满烟火气""想拴住男人的心，先拴住他的胃""爱他，就要为他洗手做羹汤"等，但是看着这位八十多

岁，满脸皱纹的老奶奶，没有为丈夫做过几顿像样的饭，却在谈论起婚姻生活时，露出少女般灿烂的笑容，你就会知道，会不会做饭、会不会做家务决定不了婚姻的好坏。不会做饭，没关系，我们手拉手一起出去吃就好。

这对老夫妇的故事让我想起自己小时候的一个邻居。这个邻居阿姨很讨厌做饭，每到做饭的时间就开始骂骂咧咧，她一边做饭一边大声骂小孩，骂丈夫，发泄自己的情绪。等到饭做好了，骂声也停止了，然后一家人安安静静地吃饭。吃完饭，阿姨就出门散步，但是第二天做饭的时候她又开始骂人。在他们家，这样的剧情日复一日地上演着。

我想，假如邻居阿姨家的男人可以做饭，或者他们家更有钱，请得起做饭的阿姨，或者像那对八旬的上海夫妇一样选择去外面吃，又或者当时像如今一样可以非常方便地点外卖，那每到饭点，阿姨也就不会因为做饭而骂人了，他们家是不是就可以过得比较和谐幸福呢？

一千个家庭，就有一千种幸福相处模式

一千个家庭就有一千种相处模式，没有什么方式就一定好，或者一定不好，找到适合彼此的相处方式才是最好的。

之前 papi 酱在《拜托了冰箱》中自曝她和丈夫老胡结婚五年，没有办酒席，没有度蜜月，只是简单地领了个证。双方父母在这五年中并没有见过面，两边的父母都是各过各的。过年时，她和丈夫都是各回各家，陪自己的父母。

结婚五年，和公婆五年不见面，过年也没有和丈夫一起回公婆家，听起来不可思议，但是对于他们这对夫妻来说就是最舒服的相处方式。

除了 papi 酱，娱乐圈中演戏、唱歌、摄影、写作、导演样样玩得转的才女明星刘若英，她的婚姻模式也很特别。

刘若英在41岁时结婚，嫁给商人钟小江，至今两个人结婚八年，育有一子。她在《我敢在你怀里孤独》一书中写道，她和先生的家里设有两个书房，而且是处于房子里最长距离上，即对角线上的两端。两个人经常一起出门，但却是去不同的影院，看不一样的电影。当二人一起回家后，往往是一个朝左一个朝右，因为他们有各自的卧室、书房，共同使用的则是餐厅、厨房。

两个人在各自的空间做着自己的工作和喜欢的事情，互不打扰。

刘若英喜欢和享受独处，她认可的婚姻哲学是心理学家温尼科特的那句话："窝在爱人怀里孤独。(Dare to be lonely in someone else's arms.)"她说："真正成熟美好的关系是——即使两人暂时无话可说也无所谓，相对无言，就暂时沉默，可以静静地躺在对方的怀里孤独，这是两人相处信任的极致表现，也是最高境界。"

这样的相处方式也许在外人看来有点奇怪：结婚这么多年，居然各看各的电影，各睡各的床，不睡在一张床上？

但是从另一个角度来讲也很令人羡慕。因为他们给予彼此极大的尊重和自由，没有用爱的名义绑架一个人，让对方在本来不喜欢的事情上浪费精力和时间。

很多人问刘若英幸福的秘诀，她说："我们都保有孤独的自由。"

我在咨询中见过太多因为对方和自己不一样就争吵不休的情侣和夫妻，爱运动的总是强迫不爱运动的和自己去运动；喜欢看书的她总是觉得爱打游戏的他很不上进，又影响自己休息……假如他们学会多给彼此一点独处的自由和空间，也许婚姻就会幸福很多。

这是一个越来越多元和自由的社会，越来越多人拥有着打破传统模式的婚姻，不生孩子、不做饭、不睡在一起、过年各回各家的夫妻一样也能够过得幸福，关键在于这样的方式是不是彼此都能接受和认可。在不伤害其他人的前提下，只要婚姻中的双方都接受，其实没有什么生活方式是不可以尝试的。相信这会大大缓解一些年轻人对婚姻的担心和恐惧。

“鞋子舒不舒服，只有脚知道”，婚姻亦然。想要婚姻幸福不必墨守成规，关键在于去创造适合彼此的相处之道，而不是遵守什么所谓的“幸福之道”。

作为女人，你可以直接去过自己想要的生活

最近做了两个咨询，有一些相似的地方。

女生 A 因为丈夫和自己兴趣爱好差异大引发的夫妻矛盾而苦恼。她喜欢看欧美文艺片，他喜欢看好莱坞动作大片；她喜欢出门旅行，他喜欢宅在家里玩乐高；她喜欢每天饭后出门散步，他喜欢饭后打两盘游戏……她多次邀请丈夫陪自己散步，十次有八次都是被对方拒绝。丈夫说："我真的很不喜欢散步，我觉得散步真的很无聊！我宁愿陪你去打球。"

她问我："有什么方法可以让老公陪我在小区里散步？"

我说："在回答这个问题前，我觉得你需要搞清楚，你让老公陪你散步这件事满足了你内心的什么需求？"

她答："有人陪伴的需求，被重视的感觉。"

我又问："那有没有其他事情是你老公愿意做，你又感觉得到他对你的陪伴和重视？"

她答："有的。我们一起做饭，一起吃饭。还有他会记得我的生日，送我礼物。"

我说："那很好啊。说明，他不和你散步并不代表不爱你。散步这个事情你可以选择自己去做，也可以找喜欢散步的人一起，比如同一个小区的邻居，或者你的闺密、朋友。你在散步的时候如果

遇到同样在散步的邻居，可以尝试和对方沟通交流。聊得来，还可以加微信，每天约着一起去散步。”

另一个女生 B 是和丈夫在教育孩子的理念上有分歧。

她认为孩子应该多接触大自然，多去看看外面的世界。周末全家可以去公园，或者家附近的小镇、村庄逛逛。寒暑假父母有假期，也可以多带孩子出门旅行，去一些富有人文气息或者自然风光好的地方，这样不仅可以让孩子身体更健康，也可以陶冶孩子的情操，扩大孩子的视野。但是丈夫对这个事情并没有那么强烈的认同感，而且他觉得父母要带孩子出门旅行很麻烦，而他本身是个非常怕麻烦的人。

因此，每到周末、节假日，妻子总是要求丈夫安排全家人的出行活动，丈夫则觉得自己工作了一周想在周末的时候放松一下，而妻子的要求很烦人，让自己不得安生。“我从小都没怎么出门旅行过，你看我不是一样重点大学毕业，有工作，有家庭，活得挺好的嘛?！”

一个有要求和期待，一个不愿意配合，两个人常常为此争吵。就算最后全家人一起自驾出去玩，也往往玩得不开心。

她问我：“怎样可以改变我的老公，让他按照我的方式带孩子一起出去玩？”

我答：“改变你的丈夫看起来是很困难的。但是，我们可以一起想想办法，在不改变你老公的前提下，你如何满足你自己的要求，按照你的方式带孩子出去玩呢？”

她问我：“你的意思是不管我老公，我自己带孩子出去玩？”

我说：“是的，你有想过吗？”

她说:“有的，但是我总担心自己一个人不行，我拿到驾照之后，就没有开过几回汽车，而且我从来都没有单独带孩子出去玩过。”

我说：“驾驶技术是可以练习的，没有单独带孩子出去玩过并不代表你不行。你可以试试先一个人带孩子去周边玩一天，早上去，晚上回来那种。”

A 和 B 的痛苦在于她们在玩一个改造游戏，而且是通过改造别人来满足自己。

在亲密关系中，玩改造游戏的男女心中大都有自己未完成的期待或者与父母之间未被满足的需要，以及那些未被疗愈的伤痛，他们希望伴侣可以满足自己的需要和期待。

A 和 B 的故事让我想起一个朋友的姐姐的故事。

这个姐姐嫁给了一个老实男人，这个男人在事业单位工作，每月有三四千元的收入，对自己的生活和现状都很满意，没有什么事业心，对生活也没有什么要求。

而这个姐姐似乎完全相反，她很有进取心，内心很渴望过上更自由、物质更丰富的生活。于是，她开始改造自己的丈夫。她希望他不断学习，不断进取，提升专业技能和学历。她为丈夫报了英语培训班，但是丈夫上了几天就不去了。她希望他在工作上努力，职位和薪资能有所提高。但是，从恋爱到结婚，三年来丈夫的薪水都没有提升。

两个人总为这些事情吵架。丈夫觉得妻子强势，妻子觉得丈夫没用。

有一天，两个人又吵了一架。女方离家出走，在外面逛了一天，最后下定决心让自己过上自己想要的生活。她第一件事就是去上丈夫没有上完的英语培训班。

然后，在培训班里，她认识了几个和她一样对生活有欲望、有追求的朋友。

她们生活的地方是有名的旅游景点，经常有老外来旅行。于是，几位女性在本职工作之外一起搞副业，开了一家旅游公司，靠英语优势和她们的人脉资源接待外国的旅行团。生意不错，大家因此赚了不少钱。

这位姐姐因为工作忙碌，以及和丈夫的差异太大，后来离了婚。

在一次接待旅行团的时候，她和一个美国小伙子恋爱了。两个人后来虽然分了手，但是姐姐从此有了美国梦。

为了去美国，她研究技术移民，精进自己的英语能力，开始学习国际护士课程。三年之后，通过一系列学习、培训和证件考试，她成功移民美国。

现在，这位姐姐在美国结婚生子，住着大别墅，开了自己的诊所。

这个姐姐说过一句让我印象深刻的话：原来自己成全自己的感觉是如此美好。

很多女人在亲密关系中都在玩一个依赖伴侣、改造伴侣的游戏。

可现实是改造游戏成功的概率极低，一旦我们想要改造对方，关系的噩梦也就开始了。

如果能够放下改造伴侣的企图，回到自身，实现自我成长，那我们将会获得更大的自由与丰富的人生。

曾经的我也经历过这样一个过程。

二十岁出头的时候，我有许多幻想，其中一个幻想就是我有个有钱有品位的男朋友（王子），他很爱我，且爱得毫无理由又难以自拔。他会送我精致好看的衣服，将不美的我打扮得优雅美丽，将我从丑小鸭的自卑中拯救出来。他会带我去过一种物质更丰富、更有格调的生活，请我去高档餐厅吃饭，带我去看我喜欢但看不起的文艺演出，带我出门旅行，住星级酒店……

好在经过现实生活的打磨，我从这个幻想中挣脱出来。也因为自己努力工作，我能请自己吃大餐，也偶尔去住星级酒店……我以为我对男人的依赖和幻想已经被彻底打破了。

后来，我和大卫恋爱，才发现我还是把很多生活的期待放在他的身上。我总是觉得他应该挣更多的钱，换更好的工作，应该和我一样学习心理学或者追求心灵成长，和我一样有进取心。我希望他成为一个所谓的事业成功的男人。我要求他这样，要求他那样，虽然我要求的方式比较温和，但我知道我在逼迫他，感觉自己就像他的债主一样，让他倍感压力，同时也常常让我不喜欢这样的自己。

于是，我问自己：为什么你想要一个所谓的事业成功的男人？

当我明白，我其实是希望对方去帮我实现自己的梦想，让自己生活得更加自由时，我开始学会放下对他的期待，更多地为自己的梦想、自己的人生负责和努力，然后我感觉到自己比之前更快乐，更有力量，也更自由了。

很多女性如果没有觉察和反思，很容易陷入改造游戏中，对伴侣施以改造和鞭策、指责和挑剔，希望对方满足自己的需要。

这背后的原因是，很多女性在成长的过程中被教育、被暗示、被洗脑，认为自己是个弱者，是个依赖者，是个等着别人满足自己的人。

这导致的后果是，很多女性认为自己的索取和要求是理所当然的，同时这也禁锢了女性自我的力量。很多女人习惯于依附男人，不相信靠自己就能让自己过上想要的生活，于是只能一辈子等待男人满足自己。

波伏娃在《第二性》中说："男人的极大幸运在于，他，不论在成年还是在小时候，必须踏上一条极为艰苦的道路，不过这是一条最可靠的道路；女人的不幸则在于被几乎不可抗拒的诱惑包围着，她不被要求奋发向上，只被鼓励滑下去到达极乐。当她发觉自己被海市蜃楼愚弄时，已经为时太晚，她的力量在失败的冒险中已被耗尽。"

我常常在想，一个女人怎样去生活会感觉幸福呢？

为自己的生活负责，主动地去创造自己想要的生活，到学会自己成全和满足自己。

当一个女人不再将愿望被满足的希望寄托在他人身上，从被动等待他人的施与到主动选择自己来满足自己、爱自己，能够完全依靠自己的行动去满足内心的那些愿望时，她就会感觉幸福。而且这种幸福不是短暂的、转瞬即逝的，而是能够长久持续下去的。因为它不是一种感觉，而是一种长在身体里的能力。

台湾作家吴淡如说："如果女人，不为自己做什么，不为自己找乐趣，不尝试改变，只是责怪有东西阻止她的快乐，那么，嫁给谁都不会幸福。”

其实，在现代社会，作为一个女人，可以直接去过自己想要的生活，不需要等待男人的成全。

如果你想自驾游，不会开车，你可以学，也可以请会开车的朋友一起；如果你不认识路，可以使用手机地图；如果你觉得孤单，可以约上闺蜜朋友。

如果你想事业成功，想上进，那就自己上，不要去鞭打身边的男人。如果你愿意把鞭打男人的时间和精力花一半用在鞭打自己上，你一定会获得成功。就算没有成功，你也已经不是原来的你了，你的能力、视野都已经不同。

一个女人，迈向幸福的第一步永远是你自己的努力与行动。

按照存在主义的说法就是：你完全承担得起自己的全部责任，完全可以放弃有人可以拯救你的这一念头。当你通过自己的行动，不断实现自己一个又一个的生活愿望时，你会看到自己的力量与能力，生出一股自信来，看到“我”作为一个人并不是软弱无力的，而是充满了能量与张力，这种力量能迸发出生活的热情与创意。

糟糕的婚姻，其实只是没来得及好转的婚姻

当曾经的亲密变成疏离

几年前，西米因为出轨问题前来向我咨询婚姻方面的问题。

她恋上了比自己小三岁的男同事。

出轨的原因，西米说是因为自己在婚姻里得不到情感满足。

丈夫大宇是个“空中飞人”，作为公司高管的他一年有将近300天在外面飞来飞去。工作了一天回到家，他喜欢打游戏解压。她想让丈夫陪自己说说话，丈夫总是说，老夫老妻的哪有那么多话可聊。

她想让丈夫多带带儿子，养育男孩需要爸爸多参与。可是丈夫时间太少，陪孩子时也缺乏耐心，而且孩子还有点排斥爸爸，因为从小孩子都是她和孩子的外婆带大的，孩子的爸爸参与太少，孩子更黏妈妈，不亲爸爸。

还有，两个人的性生活也乏善可陈，一年不到十次，质量和数量都没有。

女人觉得男人是缺失的父亲、冷漠的丈夫，男人觉得女人是不理解自己又怨气深重，让人不想面对的妻子。

曾经亲密的两个人经过多年的婚姻生活，关系变得平淡、疏离，

又疲惫无力。

就像电影《一声叹息》里，张国立扮演的丈夫有了外遇，他对妻子形容他们的夫妻关系：你和我结婚多年，我摸你的手，已经像自己的左手摸右手。

很多东西都是先从里面开始烂掉的，婚姻也是如此。

西米的家庭外表看起来是完整的，内部却残破不堪，大家都觉得疲惫与孤独，都觉得自己在婚姻关系中受了很多伤和委屈却无人安慰与理解。

因此，一旦外界有什么风吹草动，就会成为压死骆驼的最后一根稻草，加速婚姻关系的分崩离析。

西米出轨男同事的事件，就是这根稻草。

虽然理性上清楚，婚外情的这段关系没有结果，但是她还是想离婚，因为通过这件事看到自己的婚姻已经千疮百孔。

大宇对她提出离婚非常讶异，在他看来，他们的婚姻关系“还行”，两个人除了没有什么话聊，偶尔会吵架，其他都挺好的，有房有车，生活稳定，孩子可爱。而且所谓的“没有话聊”，也是因为客观原因，工作太忙了，而不是感情的问题。

妻子反驳道：“忙不是原因，恋爱第一年，我读大三，你读研，那个时候你的学业非常忙，经常被导师骂，可是你也会和我约会，和我有很多话说。后来，毕业了，两个人因为工作也常常加班，但是我们还是有很多话说……可是现在，除了孩子，我都不知道要和你说什么，你和我说话也觉得很累吧！你就承认吧，我们两个人现在已经没有感情了。”

丈夫无言以对，但是依然不同意离婚。

西米坦白自己出轨男同事的事，并说："这次我想离婚，不是为了他，而是我真的不想和你维持这样的婚姻关系了。"

丈夫大宇怒不可遏，两个人大吵了一架，相互指责对方对家庭不负责任。

后来，两个人一起来咨询婚姻方面的问题。

在咨询中，大宇表达了因为妻子出轨自己很愤怒很受伤的感受。看到丈夫因内心痛苦而扭曲的脸庞，西米很受触动，她似乎久违地感受到了被丈夫重视和在乎的感觉。

她为自己出轨的行为对丈夫情感的伤害真诚地表达了歉意，并承诺会斩断婚外情，好好处理两个人的夫妻关系。他们决定分居一个月，利用这段时间想清楚伴侣和家庭对于自己的意义。

这期间他们持续进行着婚姻咨询。

在咨询中，我们一起回望他们过去恋爱时的甜蜜；梳理婚后那些影响夫妻感情的问题和事件：婆媳矛盾、因买房产生的经济压力和家庭纠纷、丧偶式育儿、没有时间相处；分析了他们的相处模式：男人用工作逃避家庭，女人用埋怨和争吵要求关注；还谈论如果离婚怎么分割财产和分配孩子抚养权的问题……

再后来，他们结束咨询，尝试回到生活中去解决问题。如果努力过，问题还是解决不了，他们才会选择离婚。

半年后，我在微信上回访他们，得知两个人的关系得到了修复。

男人的工作还是很忙，但是出差的时候会和孩子、老婆视频电话，会利用假期和全家人一起去旅游，也渐渐开始体会到和五岁儿子一起玩的乐趣；女人虽然还会时不时地感到疲惫和寂寞，但是学会用更有效的方式和丈夫表达自己渴望被爱、被关注的需要，学会自己找乐子，和朋友聚会，尝试找到自己的兴趣爱好，让自己的情感更自立，而不是像之前一样完全依赖丈夫给予自己情感满足。

还有，他们性生活的数量和质量都提高了不少。

西米的婚姻质量和满意度看起来比之前改善了太多，我不会自大地认为这都是来做婚姻咨询的效果，他们原来就有深厚的情感基础，两个人又聪明又努力，又有改变的意愿，经过咨询，将这次婚姻危机视为个人成长的挑战，重新认识和了解彼此，积极改变自己，宽恕对方，从而获得情感修复，重获幸福。

但是我不会说，他们会一直幸福下去，因为我知道婚姻之路从来都不是一帆风顺的，就像人生一样，总有那么多沟沟坎坎需要迈过去。

西米和大宇这对夫妻让我再一次体会到婚姻关系是处在一个动态的过程中的，婚姻也比你想象得更顽强，那些糟糕的婚姻其实只是没来得及好转的婚姻。

婚姻风波是危机也是转机

你是否注意到，身边有很多这样的夫妻——因为这样那样的原因婚姻一度濒临破裂，但是又因为这样那样的原因，他们的婚姻起死回生了，原本闹离婚闹得很厉害的两个人，后来又和谐幸福地在一起过着婚姻生活。

其实，婚姻的每一个阶段都会遭遇危机。

从筹备婚礼的阶段开始，就容易遭遇一个情感危机，很多情侣因为彩礼多少钱、酒席多少桌、婚礼怎么办产生严重冲突，甚至有不少人因为在办婚礼的过程中产生家庭矛盾而闹离婚或没结成婚。

很多人遭遇的最大的婚姻危机是在孩子出生到上幼儿园的这个阶段。女人因为生育和孩子的关系变得紧密，和男人的关系变得疏远，也因为孩子的到来，增加了育儿的经济和精神压力。婆媳矛盾、夫妻矛盾、产后抑郁等问题也容易在这个阶段发生。有人说这是婚姻关系最脆弱、矛盾最集中的阶段。

有的人的婚姻在这个时候瓦解了，有的人的婚姻则闯过这一关，幸存下来。

很多人的婚姻之所以能够维系是因为夫妻双方一直围着孩子转，不用面对彼此，等到人到中年，孩子长大离家上大学，剩下两个空巢中年人需要面对彼此时，婚姻危机爆发。这时事业上该成功的已经成功，不成功的也很难有新的突破，中年危机再加上婚姻中日渐疲惫，对孩子的情感寄托变少，很多人的婚姻会出现男人出轨或者女人出轨的危机。

婚姻的每一个阶段，遭遇的危机都不同，但是婚姻危机是危险和机遇并存。

面对着婚姻危机，每个人的选择都不同。有的人觉得危机太大，选择离婚；也有人选择坚守，努力将危机变为转机，重获婚姻幸福。

爱是艰难的，所以要去爱

近些年来，中国的离婚率不断飙升，尤其是北上广等一线大城市，离婚率已经超过40%。

这一方面说明我们对离婚的态度变宽容了，我们的选择也更加自由了。但另一方面似乎也说明我们对经营婚姻没有足够用心，也没有足够的耐心，有了问题后习惯用离婚来解决。

很多人的婚姻一旦出了问题，他们就选择离婚，这是因为他们不了解婚姻的每一个阶段都会遭遇危机。婚姻就像一场闯关游戏，需要打怪升级，完成相应的任务，才能顺利过渡到下一个阶段。

他们也不了解婚姻的生命力比想象的顽强，有些糟糕的婚姻其实只是没来得及好转的婚姻，愿意努力改变自己和对方，或者为彼此创造一个更好的外部环境，糟糕的婚姻也有好转的机会。

他们更不了解，婚姻出现问题，除了选择离婚，还可以找心理咨询师做婚姻咨询。调查显示，离婚的夫妻如果愿意咨询婚姻方面的问题，至少有一半的婚姻是可以修复的。

很多婚姻有问题的人选择离婚，以为换一个人问题就能解决。实际上，更大的可能性是换了一个新人，之前没解决的问题，在这段关系里还是会出现，之前没完成的磨合，在这个人身上还要再来一遍。

如果他们懂得这些，在婚姻出现危机时，除了离婚这一条路，他们会有更多的路可以选。

有句电影台词：买台电冰箱，保修期三年，你嫁了个人，还能保证他一辈子不出问题呀，出了问题就修嘛。

很多人不愿意对有问题的婚姻进行修补，其实是因为修补并不容易，甚至是非常困难，而我们害怕困难，只想做问题婚姻的逃兵。

诗人里尔克说："爱，很好；因为爱是艰难的。以人去爱人：这也许是给予我们的最艰难、最重大的事，是最后的实验与考试，是最高的工作，别的工作都不过是为此而做的准备。"

爱是艰难的，所以要去爱。

人生很短，没有必要抱着一段糟糕的婚姻不放，敢于离婚，是一种勇气。

但是面对糟糕的婚姻，敢于修复关系，尝试改变自己和对方，重新收获幸福的婚姻，是更大的勇气。

婚姻的生命力比你想象的更顽强，愿你不轻言放弃婚姻。

没有人能满足你所有的需求

我感觉自己嫁对了人

我怀孕八个半月的时候，依然挺着大肚子在做咨询，周末还去接受心理学的继续教育课程。要好的女朋友问我，有没有后悔嫁给大卫，她说："你当初要是嫁给一个经济条件更好一些的男人，现在哪用这么辛苦？"

我听完哈哈大笑，回她："你完全搞错了，我这个时候更感觉自己嫁对人了。"

为什么我会这么说呢？

在和大卫恋爱之前我也交往过几任男友，有经济条件好的，有颜值身材一流的，有才华横溢又浪漫的，但是都没法长久，总有这样那样不可调和的矛盾。

对过往恋爱经历的反思以及对自己个性的认识与了解让我明白，自己对婚恋伴侣的核心需要是：一个愿意尊重我、给我很大的自由、注重我的个人感受、能够与我进行精神交流、拥有男女平等的思想的人。

而大卫恰恰就是这样一个人，他也是我恋爱时间最长的一个伴侣。

虽然，他家庭条件一般，工作收入不高，但是他能满足我对另一半的核心需求。他尊重我，与我平等相处，让我可以自由做自己，晚上睡觉前还能有聊不完的天，能找到像大卫这样的好男人，真是我的好福气（当然，他能找到像我这样不嫌他没房没车，还特别欣赏他的女人也是一种福气）！

怀孕四个月时，我说要搬家，一居室的房子太小了，他就一个人利用周末时间到处找符合我要求的两居室房子。选定房子，要搬家时，他又帮我打包了十个大箱子的书，然后联系好搬家公司，没有一句怨言（愿意帮我打包十箱子书的男人只有他一个，所以我要好好珍惜）。

怀孕七个半月时，我对大卫说："我在上海憋坏了，要到山清水秀的地方逛逛。"他欣然同意，然后带着全家人陪我出门旅行。

怀孕八个半月，我还出去工作，是因为我喜欢我的工作，它不仅让我收获物质回报，还获得了个人成长、成就感和价值感。

整个孕期，我的生活和怀孕之前差不多，在家看书、写文章、做远程咨询、出去做面询、带领成长团体、上课、和女友们聚会，我在外面跑来跑去，大卫都不做任何干涉。

他知道我需要什么，清楚我能照顾好自己，会拿捏好分寸，适度减少工作量，他也特别清楚我喜欢这样的生活。

还好找了我们家大卫，换作其他男人，能对我这么好吗？能给我这么大的尊重和自由吗？能受得了我这么自我又任性的女人吗？估计很难（这在心理学上叫"积极对比"，其实我这么夸我老公，满满的都是套路，主要为了生完孩子以后，他可以心甘情愿带孩子）。

面对这样的好男人，如果我还要求他有高薪、给我买房买车，还要懂浪漫、爱文艺、爱学习、积极上进，那我就是自己给自己找罪受了！

其实，我并不是一开始就领悟到了这一点。

在和大卫谈恋爱的初期，我除了要他尊重我、爱我、给我自由、和我有共同语言外，我觉得他应该挣更多的钱、换更好的工作，应该和我一样喜欢读书学习，学习心理学或者追求心灵成长，我总觉得他不够有上进心。

我要求他要这样努力，那样上进，虽然我的方式比较温和，但我知道这就是一种逼迫，一种不尊重，后来我看到这样做不仅徒劳无功，还让自己的感受很糟，他也压力倍增，生活不开心，而这一切影响了我们原本很亲密美好的关系。

我看到自己就是那个控制者、挑剔者、高高在上的批评者和不断提要求的人，希望他能满足我所有的需求。

大卫和我吵架时曾说："你就是什么都想要！"

是的，我什么都想要。但是，可能吗？

大卫当然不能满足我所有的需求，但换作其他人也不能满足我所有的需求。同样的，我也不能满足大卫所有的需求，不能满足任何一个男人所有的需求。

于是，我开始学会更好地接纳，接纳亲密关系中我缺失的、我不被对方满足的部分，再后来，慢慢地，我开始感恩我所拥有的一切。

没有人能满足你所有的需求

在咨询中，经常能看到一些来访者与当初的我一样，希望有一个男人能满足自己所有的需求。给她们做咨询，就像照一面镜子，不断提醒我要学会放下让他人满足自己的要求和执念。

来访者A，大学毕业后，独自在上海打拼，做着设计师的辛苦工作，常常出差加班，赚的几千块支付完每个月的房租、饭钱、水电煤、交通费等，所剩无几。

在她觉得生活不易，疲于应付，特别想找一个依靠的时候，认识了一个男生。他是上海本地人，家庭条件优渥，有车有房，工作收入也高，而且还很喜欢她。

跟这个男人谈恋爱时，他会送她漂亮昂贵的礼物，带她去很有格调的餐厅吃饭，邀请她去国外旅游，住星级酒店。恋爱期间所有的开销都是男方出，她感觉生活很轻松快乐，很满足，她也很快爱上了这个宠爱自己的男人。

一年后，他们结婚了。婚后，她在上海有了自己的家，过上了安稳无忧的生活。

可好景不长，她开始感觉无聊、空虚，对丈夫的不满越来越多。

她觉得丈夫和自己没法进行精神交流，在一起除了日常的事务性谈话，便无话可说。他们的兴趣爱好也有着巨大差别。她喜欢看欧洲文艺电影，丈夫只喜欢看美国动作大片；她喜欢读书画画，丈夫看一页书就会打瞌睡；她喜欢周末在户外运动，丈夫只喜欢宅在家里，打游戏放松。

她离婚的念头越来越强烈，一直觉得换一个可以与自己进行精神交流的伴侣就会幸福快乐。

她对丈夫和婚姻十分失望，开始不停地挑剔和嫌弃丈夫，总是抱怨，自己也越来越像一个怨妇，最后连自己都讨厌起自己来。

来访者B，谈了几任男友都不满意，后来遇到现在的丈夫。这个男人比她大八岁，事业比较成功，在工作上很有拼搏精神，加上见多识广，思维开阔，善于处理各种复杂的人际关系，让 B 非常崇拜和欣赏。

婚后第一年，男人辞了职，自己出来创业了，很快就将公司经营得风生水起，让她过上了锦衣玉食的生活。

但是，丈夫很忙，没有太多时间陪她，而且因为创业压力大，年龄大，性能力偏弱一些。

后来她出轨了，出轨对象是公司里年轻的男同事，小鲜肉一枚。小鲜肉有很多时间陪伴她，可以和她谈浪漫的恋爱，还能满足她的性需要。

但是，这样分裂的生活让她很痛苦，她一方面沉迷于年轻猛男的情爱和肉体，另一方面对丈夫充满愧疚，总害怕出轨一事暴露，自己的婚姻就此完结。

她很清楚自己和小鲜肉没有什么结果，因为他太幼稚了，还没钱，事业不成功，她是不可能和这样的男人结婚的。如果重新选择，她还是会选择丈夫那样事业有成、成熟聪明的男人。但是如今她感觉无论选择哪一个，似乎都不能令她全然满足。

她问我："如果离婚，我能找到一个事业有成、长得好看、头脑聪明、性能力强，还有时间陪我，很爱我的男人吗？"

我回答："你觉得有这样的男人吗？如果有，你能够遇到吗？遇到了，对方会选择和你结婚吗？"

她颓废地摇摇头。

生活中像 A、B 这样的女人实在太多了，婚前一切都好，婚后也还是那个男人，却开始不满与抱怨，总以为是男人变了，生活变了，一心想要过另一种生活，觉得只要换一个男人自己就能变得幸福快乐了。

之前男人赚钱少，觉得不要紧，只要男人对自己好，有时间陪自己，就可以有情饮水饱。但婚后开始想要住更好的房子，想要买更贵的包包，心里的天平渐渐倾斜，抱怨男人没用、没钱，觉得自己嫁错了人，自己跟着这样的人吃苦了。

之前想找一个事业有成、经济条件好的男人，觉得他可以给自己物质上的安全感，觉得对方难看一点没关系，忙碌一点没关系，自己不爱他也没关系，但是婚后不久却怨气横生，嫌弃对方长得丑，抱怨对方陪伴自己太少，觉得没有爱情的婚姻就是牢笼，一刻也待不了，认为对方除了有钱，就是一个土包子。

之前喜欢男人有才华，懂文艺，看着对方弹吉他、玩摄影的样子目不转睛，文艺男神将自己迷得神魂颠倒，觉得男神不会做家务，赚不了多少钱也 OK，只要这个男人在自己累的时候给自己弹唱情歌就行了。婚后，女人独自操持家务，带孩子，开始抱怨自己付出太多，男人付出太少，心理失衡后，曾经的优点变成了缺点，看到对方弹吉他、玩摄影就斥责对方玩物丧志、缺乏责任心。

女人抱怨自己嫁错了人，男人倍感委屈和郁闷，不知道为什么同样的事对方之前十分认可，一切都没问题，现在却变成了全面否定，一切都是问题。

宋丹丹有句话很有名：一开始只想要一个拥抱，不小心多了一个吻。然后想要一张床、一套房、一张结婚证，离婚的时候才发现原来当初只是想要一个拥抱。

人心不足蛇吞象，因为不断滋长的欲念，让女人变得越来越贪心，想要拥有一切，想要完美的伴侣。

在这世上，没有人是完美的，我们自己也不完美，也没有任何一个人能满足我们所有物质的、肉体的、精神的需求。

大部分的婚姻，即便是最美满的婚姻，也不可能十全十美。想要拥有十分完美的婚姻，那是一种不切实际的理想化。不存在的东西，我们却硬要去追求，只能让自己活在失望中和不幸的痛苦中。

因此，认清自己核心的需求，找到符合自己核心需求的伴侣，并学会控制自己的贪欲，懂得知足和感恩，成了让婚姻幸福的重要能力！

每一种选择带来“是”，也带来“否”

我很喜欢一部小说《廊桥遗梦》，连带着喜欢这部小说拍成的电影。

在二十世纪六十年代的一个美国乡村，住着女主角弗朗西斯卡一家人，他们经营着自家的农场。那个乡村有非常经典的建筑，一座造型优美独特的木制廊桥。

充满牛仔气质的《国家地理》杂志摄影记者罗伯特·金凯从华盛顿来，他要完成拍摄廊桥的工作任务，但是他迷路了，把车停在弗朗西斯卡的家门口，向独自在家的她打听曼迪逊桥的位置。

她带他来到桥边，偷偷观察他工作的样子。完成工作后，为了表示感谢，他从地里采了一把漂亮野花送给她。

也许从见到这个男人的第一眼起，弗朗西斯卡就心动了，也许是从这把野花开始，弗朗西斯卡才心动的。后来，她邀请这个男人来家里共进晚餐。

欣然赴约的金凯，与她度过了美妙的一晚。

两个人被彼此深深吸引着，爆发了热烈而疯狂的爱情，也享受了美妙无比的性爱。接下来的两天，两人如热恋中的情侣一样整日厮守在一起。

弗朗西斯卡和丈夫理查德的婚姻是平淡乏味的，书中有一段文字很好地描述了她对自己婚姻生活的评价和感受：

“像洗澡时喝一杯冷啤酒这样的事儿她都觉得多么风雅，为什么她和理查德就不能有这样的生活？她知道部分原因是长期习惯养成的惰性，所有的婚姻，所有固定的关系都有可能陷入这种惰性，习惯使一切都可以预见，而这预见本身又带来安逸，这一点她也体会到了。还有那农场，像一个缠人的病人一样需要时时刻刻关心，尽管不断更新的代替人力的设备使劳动比以前减轻了许多，可是这里的生活还不止于此，可预见是一回事，怕改变又是另一回事。理查德就是怕改变，他们婚后生活的任何改变他都害怕，通常连谈也不愿意谈，特别不愿谈性爱，性爱这东西对他来说是危险的，在他的想法中是不体面的。”

缺乏激情，一成不变的机械生活显然不能满足家庭主妇弗朗西斯卡内心的情感需要。

自由行走的摄影师金凯在他们相遇的四天中，给弗朗西斯卡带来了完全不一样的体验：野花、笑声、相拥而舞、世界各地的风土人情，还带来了洗澡时喝的冰啤酒，最重要的是他重新点燃了她少女时代的梦想——充满激情，四处旅行的生活。

金凯可以给弗朗西斯卡一种完全不一样的生活，那是一种时时充满变化和激情的生活。他向弗朗西斯卡描述，如果他们在一起后的生活会是怎样的：

“我们可以在大漠的沙堆里做爱，在蒙巴萨的阳台上喝白兰地，瞭望阿拉伯三角帆船在初起的晨风中扬帆启程，我要带你去狮之国，到孟买湾边，那里有一座古老的法国城市，有一个奇妙的屋顶饭店，还有火车穿过山涧隧道……”

显然，这样浪漫的生活对弗朗西斯卡来说，实在太具有吸引力了。

金凯非常希望弗朗西斯卡跟自己一起走，经过痛苦的内心挣扎，弗朗西斯卡没有选择离开，也许她还爱着自己的丈夫，也许是受困于内心的道德感，也许是舍不得两个孩子，也许是担心自己走后，孩子和丈夫在那样一个闭塞保守的乡村会遭受怎样的风言风语，要承受多么巨大的心理压力。

弗朗西斯卡做出这个选择是异常艰难的，电影中有一个片段很感人：

那天大雨滂沱，他们在镇上相遇了，她坐在车里，看着那个浑身湿透，狼狈落寞的爱人缓缓走来，然后站在不远处注视着自己，似乎在发出最后的邀请，做最后的等待，抑或是告别。他们彼此注视了一会，她给了他一个无奈的微笑，似乎在做告别，他回以一个微笑，转身离开，上了车。看着爱人离开，弗朗西斯卡心痛得轻轻摇头。

这时，购物回来的丈夫上车了，他们两辆车一前一后地行驶着，然后停在红灯前。

弗朗西斯卡透过雨窗，看到金凯俯身从盒子中取出项链，将它挂在车内后视镜上，似乎在向自己表达着什么。

路灯转换了，金凯的车在绿灯前不肯离去。弗朗西斯卡的手紧抓着车门把手，转动着，强忍奔上前去的冲动，在将走未走间苦苦挣扎。

最后，金凯的车启动了，弗朗西斯卡心碎不已，泪如雨下，漫天的雨成了他们诀别的泪。

很多人会说这部电影具有教育意义，告诉人们在面对婚外激情时，要懂得珍惜婚姻，坚守家庭的责任。

我不这么认为，我觉得电影传达出更多的东西：人性难以满足的欲念，以及人生总是充满着选择的遗憾，以及如何接纳这遗憾。

弗朗西斯卡没有选择和金凯一起走，没法过一种更接近梦想、更富激情的生活，是一种人生遗憾。但是如果她选择跟金凯走，同样也会是一种遗憾，她会对丈夫充满愧疚，会遭受日日思念孩子的折磨。

当她和金凯在外面流浪，四海为家时，她是否很快会厌倦这种不断飘来荡去的生活，怀念起乡村生活或家庭生活的稳定与舒适？

世间安得双全法，不负如来不负卿。

每一种选择在得到的同时，也意味着一种丧失，弗朗西斯卡深知这一点。她做出不离开的选择，其实是最大限度地达到自己想要的完美。

在余生中，她辛勤打理着这个家，承担家庭责任，维持家庭的稳定和谐，也不断在内心回味和怀念她和金凯那一段一生只有一次的爱恋。他们在一起的那四天成了永恒的激情，是她平淡生活中的浪漫梦想，“我希望永远保留这份爱，我希望终生都能这样爱你。我不能让生命就此消逝无踪，从头再来。我只能试着在心灵深处紧紧地守候着你。”

安全与危险、平淡与激情，她以这种方式全部拥有了。

假如，你能靠自己实现梦想……

当丈夫理查德病重卧床，要离弗朗西斯卡而去时，他对她说：“亲爱的，我想告诉你……我知道你有过自己的梦想，我很抱歉没能让你实现，你知道我是多么地爱你。”

弗朗西斯卡听了丈夫的话，感受到丈夫对自己的理解与爱，她亲吻着丈夫，感动得泣不成声。

弗朗西斯卡一辈子都待在这个农场里，一辈子都没有走出美国的这个州，没有在蒙巴萨的阳台上喝过白兰地，没有瞭望过阿拉伯三角帆船在初起的晨风中扬帆启程，没有到过孟买湾边……

我想，如果弗朗西斯卡能靠自己实现自己的梦想，会怎样呢？

如果，她在拥有家庭的同时，还可以去外面旅行，走走看看，拍下自己喜欢的照片，让自己身上的一部分活出情人金凯的样子，她内心的感受会是怎样的呢？

如果，她的梦想既不需要通过丈夫理查德，也不需要通过情人金凯来实现，她能够靠她自己实现，那么人生的遗憾是否会少一些，她丈夫对她的亏欠感是否会少一些呢？

不幸的是，弗朗西斯卡处在二十世纪六十年代的闭塞乡村中，时代和外部的环境无法让她实现自己的梦想。

可如今的我们呢？

能否实现自己的梦想？

弗朗西斯卡明白没有哪一个男人能满足自己所有的需要，接受并认同自己的选择。而那些渴望完美婚姻，奢望什么都能得到，一旦无法得到就对婚姻不满、抱怨连连的现代女性们其实还不如弗朗西斯卡,因为她们还天真地认为自己的需要和梦想不是靠A男实现，就是靠B男实现，抑或是靠C男实现。

鱼和熊掌本不可兼得。如果我们把自己的所有需要和梦想都寄托在一个人身上，期望他来实现，那是对他人的苛求，是放纵自己的懒惰和对自我责任的逃避。

生活不是动画片，没有哆啦A梦的百宝袋，没有人能满足你所有的需要,也没有人理所应当地必须要完成你所有的期待和梦想，自己的梦想终需自己上。

那些指望一个男人满足自己所有需要的女人，似乎从来没有想过，其实自己也可以满足自己的需要，自己也可以实现自己的梦想，而且这种能力正变得越来越必要了。

Dr J.Dean 写过一篇文章《说起爱情，你必须知道的十个心理学事实》，其中一个心理学事实是：“一项新研究表明，这些年婚姻的面貌已经发生了翻天覆地的变化。这项研究的作者伊莱·芬克尔解释道，过去婚姻更多的是提供安全感、更坚固的支持，现在人们想从婚姻中获得自我满足感。比往常都要多的人期待婚姻更多的是一次可以自我满足和自我实现的旅程。令人失望的是，面对这些需求，夫妻们并没有投入足够的时间和精力来达成自我满足和自我实现。”

现代婚姻若想长期维持，需要更多的自我满足。

一个没有自我满足的能力的人，在婚姻中必定会外求：不懂得爱自己，就想找一个爱自己的人；没法靠自己赚到足够金钱，满足自己生活所需，就想找个有钱人让自己依靠；没法实现自己的梦想，就想找一个人为自己实现梦想……而找不到满足自己的人，就永远活在失落与失望的残缺感中。

要懂得自我满足则需要一个人拥有独立的自我，能够不依赖别人而获得自己想要的东西。

波伏娃在《第二性》中说："有一天，女人或许可以用她的'强'去爱，而不是用她的'弱'去爱，不是逃避自我，而是找到自我，不是自我舍弃，而是自我肯定，那时，爱情对她和对他将一样，将变成生活的源泉，而不是致命的危险。但在这之前，爱情以最动人的面貌，概括了压在封闭于女性世界中的女人、受伤害又不能自我满足的女人身上的诅咒。无数的爱情殉道者抗议命运的不公，因为它把荒凉的地狱当作最后的救赎，提供给她们。"

我对一个人独立的理解是：他终究必须靠自己实现梦想，伴侣、子女并不能代替一个人去实现梦想，他也终究必须独立寻找自己的人生意义，如果无法实现自己的梦想，无法寻找到自己人生的意义，他也需要独自承受这人生必然的缺失和遗憾。

这世上，不存在满足你一切需要和梦想的完美的亲密关系，我们每个人都需要从除亲密关系以外的渠道获得成就和满足感。也许是工作，也许是兴趣爱好，也许是艺术表达和创作，也许是和志趣相投的人建立起深厚的友谊……

每个人都是独立的个体，都需要为自己的幸福负责和买单。

婚姻中的女人都需要一张自我关怀清单

半年前，我和一个朋友聊天，为了方便叙述，就叫她茉莉吧。

茉莉已婚已育，有一个六岁的孩子，丈夫的工作很忙，经常出差，公婆身体也不太好。

结婚之后，她一边工作，一边照顾家庭，安排一家人的饮食起居、吃穿住用。

生孩子之前家里的装修是她一个人搞定的。和装修公司谈需求，督促工人施工，跑遍全城大大小小的建材和家装市场，选地砖、选地板、选窗帘，在网上看各种有关家装的文章和照片，各种精打细算，从网上淘家电、淘软装……就这样忙碌了五个多月，一个人把一百二十平方米的毛坯房变成温馨漂亮又舒适的新家。

后来，她怀孕生子，休完产假之后就回去上班。白天工作，晚上和周末照顾孩子。夜里也没法好好休息，因为孩子还要吃夜奶。遇到孩子生病，更是心力交瘁。

就这样熬过了艰难的头三年，现在孩子上了幼儿园，她并没有变得有多轻松，依然是白天工作，晚上带孩子，辅导孩子写作业，公婆年纪大了，她还要隔三岔五地带生病的公婆上医院。

结婚七年，三十二岁的茉莉眼角多了几道细纹，双手因为经年累月的劳作而变得粗糙和结实，但是看到自己的孩子健康成长，自己的小家庭越来越好，她觉得自己的一切付出都是值得的。如果不是在公司一年一次的体检中查出自己患了子宫肌瘤，她会继续像之前那样为了家庭无怨无悔地付出自己所有的时间和精力。

肌瘤长得比较大，需要做手术，做手术那天丈夫没有陪在身边，茉莉找了自己的闺蜜来帮忙。

其实在体检之前茉莉的身体已经有不适感了，小腹坠胀，常常感觉腰酸背痛，但是她想着家里这么多事要她操心呢：夏天孩子报了一个画画班，要参加写生夏令营；秋天丈夫的一大帮同事要来家里做客，公公要过七十岁生日，请亲戚朋友去酒店庆祝；冬天要买孩子、丈夫的棉衣，要整理衣橱，找人维修有些松动漏风的窗户……她总在想等忙过这一阵再去检查自己的身体。

手术后，茉莉住了三天院。住院期间出差的老公只是打了几个电话远程慰问一下。茉莉的母亲在老家帮弟弟带孩子，她一边抱着孩子一边给女儿打电话："你这病都是累的，跟你讲了多少遍要注意休息，要照顾好自己，你就是不听，以后要是发展成癌症，像那个谁谁，看你……"母亲关心兼责备的话语没有唠叨完，就被孩子的哭声打断了。

出院第二天，公婆让她给某某亲戚网购特产，丈夫让她把那辆旧车开去维修和保养，孩子让她陪着做手工，玩游戏。一整天茉莉的心里都不是滋味。

茉莉对我说："生病做手术，住院以及出院回家后家里人对我的态度，让我意识到，我总在照顾他们，满足他们的需要，让他们对我的付出视为理所当然，他们以为我好像是个超人，哪怕生病住院了，一切都能自己搞定，并不需要被人关心和照顾。"

她接着说："生病之后，我想了很多，为什么家里人都不怎么关心我，当然他们有自己的事要忙，我老公在外地，我公婆身体不好，还要每天接送孩子上下学，但是认真想想是因为我在家庭里一直都没有关心重视自己，总是先满足老公、孩子、公婆、父母的需要，最后才轮到自己。

"这么多年的婚姻生活里，我几乎没有好好照顾自己，满足自己的需要，总是忽略自己，也舍不得在自己身上花钱，以至于全家人都学会忽略我，没有人觉得我其实也需要被人关心，被人照顾。"

说到这里，茉莉抽出一张纸巾擦了一下眼泪和鼻涕，然后端详起自己的双手，摸着自己粗糙带茧的手掌，看着自己手背上凌乱的皱纹和几道或深或浅的伤痕，有的是做菜时被刀划伤的，有的是被油点烫伤的……她忍不住又抽了几张纸，开始擦眼泪。

作为现代女性，我们有工作，有技能，但是我们很多人也像茉莉一样，有着传统女性的美德，为家人不停地牺牲和付出，总是先人后己，甚至先人无己。

心里记着孩子的兴趣班，老公的保险和皮带、鞋子，老人的营养品，唯独忘记去照顾婚姻中的自己。想给自己买件大衣要纠结很久，给老公孩子买却下手超快；想着要去按摩酸痛的肩膀和老腰，却一拖再拖；想着要减肥锻炼，每每都被其他你认为更重要的事情占用了锻炼的时间；自己的朋友圈和兴趣爱好也没精力经营，全身心地投入到家庭里，去操劳去奉献。

殊不知，这样的做法其实既感动不了天地，也感动不了家人，只能感动自己，可是感动自己有什么用呢？自己的身心在日复一日的过度付出与奉献中越来越疲惫和苍老，连生活中美好与幸福的感受力也丧失了。

另外，不得不说，这个社会施加给已婚已育女性的压力实在太大了。

我们小区有两三个男性经常带孩子，长辈们和妈妈们看到了都会问：“孩子的妈妈去了哪里？”那问询的语气中多多少少都有对女人的要求和责备：“作为一个妈妈，她怎么不自己带孩子？”可是有的妈妈天天带孩子，怎么就没有人问：“孩子的爸爸去了哪里？”

爸爸们不带孩子，我们就觉得他们在忙事业，忙工作，没有人会想到那些妈妈们没时间带孩子，可能也是和爸爸们一样，她们有的正在创业，有的正在赚钱养全家，有的正在医院里面救死扶伤……

你忙工作，会有人说你不顾孩子，而那些选择全职在家带孩子的妈妈又要被人说，“全职妈妈是高危职业。”“你在家不就带个孩子，有什么可累的？”“你不工作，靠老公养，你还有什么资格抱怨？”

很多现代女性活在传统与现代的夹缝中，负重很多，艰难前行，既要照顾家庭、操持家务、养育孩子，也要工作赚钱、看书学习、努力提升自己，她们是最需要自我关怀的群体，却总是最容易忽略自己。

我有个咨询师同行，每次和她见面后道别时，她都会嘱咐我一句：“照顾好自己。”

前几年，我对这句话没有太多的感受，可是当有了孩子，要照顾孩子，又要工作学习时，我才知道“照顾好自己”这句话不仅是婚姻的真理，也是生活的真理。

一个女人，我们要好好照顾自己的时候实在太多了。不断增长的年龄和腰围；拖不完的地板，做不完的家务；下班之后回到家给孩子喂饭、洗澡、讲故事，好不容易哄睡之后依然要打开电脑工作……所有的这些时刻都需要我们照顾好自己。

作为一个从小就担任妈妈的小助手，一直帮助家里做家务，努力满足父母需要的女孩，长大之后，这么多年我一直在努力的事情之一就是学会如何爱自己，满足自己的需要。

过去的很长时间，我和茉莉一样，在家庭中总是先人后己，为家人不断付出和奉献，却常常忘记去照顾自己，满足自己的需要，舍不得花时间让自己娱乐放松，舍不得给自己花钱，常常感觉自己特别累，抖一抖身体都能抖落掉上百斤的疲惫，情绪也不好。

后来我开始学习列一张“自我关怀清单”，上面罗列“做了会让自己感到放松和快乐”的事情，每当自己累了或者心情不好的时候，我就拿出清单，找几件事情来做，平时也用清单提醒和督促自己要关爱自己。

生孩子之前我会每三四个月抛下男朋友（现在的老公），自己一个人跑到餐厅吃牛排；孩子一岁之后，每个月有一天我会抛下老公和孩子，去和闺蜜们聚餐、聊天；最近我花了一个下午的时间剪了头发，做了个发型（距离上次做头发已经五年了）；趁孩子睡着，追了八集的美剧；每晚好好洗脸之后给自己认真抹上眼霜；有个晚上哄孩子睡着之后，我到客厅喝水，看到窗外的天空挂着一轮又大又朦胧的上弦月，散发出橘色柔和的光晕，美丽极了，我坐在飘窗上欣赏了几分钟月亮……

所有的这些时刻，让我触碰到生活的幸福，感觉自己活着真好。

在这些时刻里，我不是别人的妻子、儿媳，也不是孩子的妈妈，不是来访者的心理咨询师，我可以暂时忘记和抛开所有的身份和角色，我只是我自己，我属于我自己，我努力让自己放松和快乐。

微信公众号的文章底下有一位已婚女性留言，说自己的丈夫出轨，不管精神还是肉体都背叛了彼此的诺言，而自己为了孩子一次次地忍让退缩。她说："可是生活还是那样的一成不变！女的就好比一条看门狗，在家二十四小时看家带娃！没有任何的私人空间！每天在怨言中度过！婆媳关系处理不好，每次男女双方吵架，惊扰父母，男的还在怨恨我。想离婚，但是想到孩子，是一个坎！"

我回复她："你说'女的就好比一条看门狗，在家二十四小时看家带娃！没有任何的私人空间！'我听了蛮心痛的，你把自己说得很不堪。带孩子是很辛苦，但我们依然可以关爱自己，照顾好自己。如果你的生活想有一点改变的话，可否从每天让自己有半小时的私人空间开始？让自己先过得稍微快乐一点。"

我想，如果这位女士也有一份"自我关怀清单"，比如让自己每天有半小时独自喘息的时间，用这段时间做一些让自己快乐的事情，也许她就不会有这么多怨言了，对自己的评价和认可也会高很多，对生活和自己也会有些希望和信心。

我也相信一个快乐的母亲，有自己生活的母亲，相比一个失去自我、不快乐的母亲，对孩子的成长更有正面的影响。

上个月我又见到茉莉，她苗条了一些，穿了件高领的羊绒衫配一条深红色的裙子，脖子上戴着一条玫瑰金的项链，气色也比之前好了很多。

她说，自从上次和我见面之后，她回去做了几件事。

·办了一张美容按摩卡，每个月去享受一次。

·丈夫出差回来后，让他带孩子，她去和朋友们喝下午茶。

·每周有一个晚上去上瑜伽课。

·公婆的要求不再有求必应了，有的时候会拒绝，有的时候会让丈夫解决。

·快过年了，她准备给自己放一个假，计划去泰国旅游一周。

她说："刚开始这么做的时候有点不安，害怕自己不是一个好妻子、好妈妈、好儿媳，但是后来发现原来女人活得自私一点是这样的快乐。我老公说我变了，让他有点好奇。我现在总算明白了，女人在婚姻里为自己而活是多么重要的一件事。"说完这些，茉莉笑得很好看。

茉莉的故事让我想起了喜剧大师查理·卓别林在自己七十岁生日那天写下的一首诗——《当我真正开始爱自己》。

当我开始真正爱自己，
我不再牺牲自己的自由时间，
不再去勾画什么宏伟的明天。
今天我只做有趣和快乐的事，
做自己热爱，让心欢喜的事，
用我的方式，以我的韵律。
今天我明白了，这叫作"单纯"。

当我开始真正爱自己，

我开始远离一切不健康的东西。

不论是饮食和人物，还是事情和环境，

我远离一切让我远离本真的东西。

从前我把这叫作“追求健康的自私自利”，

但今天我明白了，这是“自爱”。

每一个婚姻中的女人都要学会爱自己，都要有一张“自我关怀清单”，清单上不是写着要花多少钱买衣服，买化妆品，而是写着那些关爱自己，照顾好自己，让自己快乐的事。在自我关怀的时间里，我们可以做真实的自己，让自己放松而不张皇，喜悦而满足，心怀生活的热忱与希望，让自己在岁月流逝中依旧有一颗轻盈的心，优雅地老去。

女人，要一直一直都有女朋友

1. 下一个五十岁

每次我经过上海的外白渡桥，站在桥上欣赏风景时，最打动我的不是那些拍婚纱照的恋人们，而是那些一起慢悠悠走在桥上的老太太们。

她们有的是两个人，一手拎着小包或者点心盒子，另一只手拉着对方的手；有的是三五个老太太成群结队，走路的姿态有些缓慢笨拙，但每一个人的脸上都洋溢着快活的神情，好像要到哪里跳舞或者聚餐。

每当这个时候，我总在想，以后我老了也一定要有这样的女朋友。

《欲望都市》中 Samantha 是这群女性中年龄最大的，她过五十岁的生日时，闺蜜们喜笑颜开地围坐在桌前，为她庆祝，彼此约定还要在一起过下一个五十岁的生日，再下一个五十岁……

这个场景总是让我感动不已。

我现在有一个由四个女人组成的闺蜜群。我们在高中相识，那时每天下课后在一起谈天说地，分享零食。大学时大家分开，天南海北，但每年都会利用寒暑假聚会一两次，打着地铺，聊到深夜。再后来我们在不同的城市工作生活，其中两个人也已结婚成家，但是我们依然用心经营着彼此的友谊，时不时地利用出差、节假日等机会聚在一起。

我记得，高中时候的某一年冬天，很深的夜里，路灯昏黄，路上没有行人，我们手挽手站在桥下，冲着黑漆漆的住宅楼齐声大唱《嘻唰唰》，再大笑着跑开的时光。我也记得，大学时候一起旅行，爬庐山的经历。那个夏天，我们沿着石头台阶在山路上气喘吁吁地爬了四五个小时，什么林深谷幽，绿意蜿蜒，险峻陡峭之类的风景现在在记忆中已经模糊不清了，但是一路上我们脚步欢快，扛着大大的矿泉水瓶，喝着清凉的山泉水，歇息时席地而坐，相互打趣，笑声不断的情景却依然清晰。

而在上一次聚会中，我们一边吃饭，一边逗着一位闺蜜几个月大的儿子，每个人都抱抱他，亲亲他，听这位女朋友讲孩子成长过程中的点滴趣事……

前几天，大家在群里聊天，先是谈到现在老人越来越多，接着说道等我们老了，我们要住在一块，在有山有湖、风景优美的地方养老，彼此陪伴，每天一起开开心心地生活。

也许，这也是很多人的梦想吧，择一个美丽的地方安度晚年，有几个真心的朋友一生一起走。

2. 女朋友，你重要的社会支持系统

近年来，我越来越觉得：女人，一定要一直一直都有女朋友。

如果有人问我，有什么建议要给年轻的女孩？我也一定会回答，别忘记多交一些同性的女友，经营好你们的友谊。

为什么我会把同性之间的友谊看得这么重呢？

首先，男人和女人是不同的，我这里讲的不同，不是智力上的不同，而是由于性别不同而形成的情感、经历以及对事物理解上的不同。

男人不会明白女人为什么那么喜欢逛街、买包包，不理解女人痛经时候的感受，不知晓女人为了得到一份与男人一样的好工作需要付出怎样的努力，更不会懂得女人怀孕时的喜怒哀乐，分娩时撕心裂肺的疼痛……而这些，同为女人，总是更容易感同身受，并给予理解。

其次，女朋友们是你重要的社会支持系统。何为社会支持系统呢？这是心理学的专业词汇，指个人在社会网络中所获得的来自他人的物质和精神上的双重帮助和支持，而来自精神方面的支持最为重要。

良好的社会支持系统常常可以帮助我们缓解不良情绪，降低压力，从而让自己的情绪保持稳定，有利于我们的身心健康。

在心理咨询的过程中，我会遇到不少恋爱或婚姻出问题的女性，我常常问她们一个问题，你的烦恼平常会和谁倾诉？问这个问题，其实就是在看她们的社会支持系统是怎样的，除了伴侣，她们是否还有其他的社会关系。

一个来访者曾对我说："自从和现在的老公谈恋爱后，我就慢慢自动断绝了所有的社会关系，单身时候的闺蜜、大学时代相处很好的室友、工作中认识的一些朋友都不再往来。这么多年，我才发现自己除了婚姻生活，完全没有别的朋友。我现在该怎么办？"

而彼时，她和丈夫的感情正陷入危机，两个人因为这样那样的问题总是爆发争吵，两个人像两只困兽，彼此怨恨、纠缠、相互撕咬。

我想，在她婚姻生活过得不如意的时候，如果她有倾诉时间，有朋友可以吐吐苦水，而不是憋着一肚子的怨气，也许她的心理状态会好很多。

我们每一个人的生活都需要社会支持系统，比如来自父母、兄弟姐妹、伴侣、同事、同学、朋友等人的支持。但是很多时候，我们的情绪困扰和压力常常来自同父母、伴侣或者同事之间的关系出了问题，那么这时来自朋友，尤其是闺蜜们的支持就变得非常重要了，跟她们聊聊，对我们释放压力很有帮助。

如果你是一名单身女性，跟单身的男性朋友倾诉你的烦恼，想维持纯粹的朋友关系就变得很难了，你们这样的交流不是玩暧昧，就是准备朝恋爱或者上床的节奏上走。

如果你跟有女友或者有家室的男性朋友倾诉，显然也不合适，一不小心就会被当成破坏别人关系的小三。

如果你是一名已婚女性，无论是跟单身的，还是已婚的男人倾诉自己的内心烦恼，都显得太过亲密了，有一些危险的成分，除非你是刻意破坏自己的婚姻。

而那些经过岁月打磨留下来，又彼此了解的闺蜜们则是你最好的选择。

在你伤心难过的时候，她们会心甘情愿地听你诉说，给予同情、安慰和理解；

在你犯迷糊的时候，她们会用自己的毒舌和犀利，骂你几句，点醒你；

在你遇到问题不知如何解决时，她们会给你一些有用的建议。就算她们什么建议都没有，只是能够听你倾诉，或者仅仅告诉你，我也遇到和你一样的问题，你也会感觉好受很多。

3. 你的生活，只有一个支点是不够的

我朋友的朋友简宁，结婚多年，婚后因为婆媳矛盾、孩子抚育以及经济压力大等问题，在和丈夫的相处中出现了很大的矛盾。她总觉得和丈夫无法沟通，丈夫也不能理解和体谅自己，两个人已经闹到要离婚的地步。

某一天，简宁接到大学同学毕业十周年的聚会通知，当时她非常不想参加，因为她觉得自己的生活过得不如意，去了与那些成功同学们相比，只会更加心理失衡。

最终，她还是振作起精神，穿上漂亮的裙子，化好精致的妆容，参加了同学会。

在那群老同学中，她重遇了大学时代的三个好朋友，其中两个人和她是室友，另外一个则住在她对面的寝室。曾经，她们四个女孩形影不离，关系亲密到可以交换衣服穿。

毕业后，她们四个人联系越来越少，已经有好几年未曾见面了，但这次再见面，她们很快变亲近起来。大家怀念起以前的大学生活，交流各自的近况，那些在家不能说的话都可以说个痛快，彼此投诉与丈夫之间的矛盾，吐槽婆婆奇葩的思维观念，分享养育熊孩子的甜蜜与哀愁。

聚会结束，回到家后，简宁发现自己看丈夫似乎没有那么不顺

眼了，她心里有个声音响起：跟你无法沟通，我就跟别人沟通去，你不理解我也没有关系，反正有其他人理解我。

之后，她保持着与大学好友们的联系。她们建了一个微信群，时不时地在群里讨论和分享生活中的点滴。四个人还约好每隔几个月一起出门旅游，每次都玩得不亦乐乎。

当然，闺蜜间也会有产生矛盾的时候，但依靠智慧和对彼此的包容珍惜，大家能够化解矛盾，依旧做着好朋友。

让简宁惊讶的是，当她与这群朋友们开始交往后，她与丈夫之间剑拔弩张的关系反而得到了缓解。

这很好理解，因为在朋友那里得到了很多的情感满足以及理解和支持，她降低了对丈夫的情感需求和期待，也因为与朋友的社交生活让简宁变得充实和轻松快乐起来，她与丈夫相处时，情绪会稳定很多，看丈夫也顺眼很多。这些都为他们之间的关系留出了一个弹性的空间，在这个空间中，情感的修复和改善得以完成。

我们每一个人的生活都需要支点和出口，但是如果我们只有一个支点和出口，比如爱情／亲密伴侣，那么他就需要承载我们太多的压力，于他而言，这未免太累，太辛苦，太不公平了。

经营好爱情或婚姻是重要的，但在一个女人的生活中，如果只有爱情，只有爱情中的男人，或者只有婚姻，只有婚姻中的另一半，是非常危险的，这会让你们的关系太过沉重和脆弱。

当然，每一个进入爱情和婚姻中的女人，都希望你们只属于彼此，而且是一辈子在一起，但如果你以为爱情、婚姻、家庭就是你的一切，除此之外，你没有其他的生活支点，那你就大错特错了。

假如有一天，我是说假如，当爱情或者婚姻破碎不存之际，这个男人离开你的时候，你会发现自己的世界残垣断壁，一片荒芜。到那时，你需要花很长的时间，慢慢地拼凑出一个曾经丢失了的自我。

我见过太多一恋爱、一结婚就失去自我的女性，她们后来的生活大多不太幸福。

对于已婚的女性而言，有没有家庭之外的社会关系或者生活支点，是一个人有没有自我的展现。这个支点也许是一个属于自己的兴趣爱好，一份属于自己的梦想，或是属于你自己的女朋友，它们能让你保有自我，不断成长，获得源源不绝的内在力量。

女人，不管你是单身还是已婚，要一直一直都有女朋友，用心经营你与女性朋友之间的关系，到时你会发现自己收获的是比情人还死心塌地的朋友，是那些最实在的温暖，最坚韧的力量，可以抵御生命中的风雨飘摇。

中国人的情感模式，都是在找妈妈

“中国人的情感模式普遍都是在找妈妈”

前几天，大卫给我看一个帖子，是一个女生说男朋友怎么照顾自己，宠爱自己。

她说，男朋友会给自己准备泡脚水，水里加了中药，泡好脚，男友给自己擦干，穿好袜子；她打游戏，不吃饭，饭都冷了，男朋友不仅不说她，还将饭加热之后喂她吃；逛街的时候，男朋友总是一直陪着她，一会儿买水，一会儿付钱，帮忙拎包拎东西，跑前跑后……

我一看，哎呦，这不是我照顾我女儿的情景吗？底下留言的女生大多表示羡慕，或者抱怨自己的男朋友或者老公不够体贴。大卫问我，你们女人是不是都喜欢这样的？我回答他，还真不是，至少我自己不是。但是我在咨询中发现，很多年轻女孩，甚至30多岁的女性还会有这样的爱情认知：

认为找男朋友或者找老公就是找一个像父母那样特别会照顾自己，宠爱自己的男人，如果男人达不到这些标准就是不爱自己，就不能在一起。

曾经有一个女性和我说：“我渴了，老公不会给我买水喝；外面冷，我出门，也不会给我加一件衣服。他一点都不爱我。如果他爱我，就会照顾我！”

可是这个不爱她的男人把工资卡全上交了，还带她60岁的母亲去看病。

男人体贴女人当然是好事。但是如果关于爱情的想象，被很多女孩单一地认为，就是找一个人把自己当成一二岁的小孩那样照顾和宠爱，就有问题了。为什么有问题呢？

因为你是成年人，有手有脚，身体健康，自己可以独立生活，对不对？

因为你是谈恋爱，是找伴侣，不是找爸爸、妈妈，对不对？

因为你如果要找到一个像爸爸一样，把你当成一二岁小孩来照顾的男人，现实生活中不容易找到，对不对？

就算找到了，对方也没法长期这么对你（热恋期的那几个月是有可能的），或者对方这么对你是另有所图，对不对？（不接受反驳，我给亲生女儿喂了三年饭，好多次都想摔碗！）

而且你凭什么让别人这么对你呢？是你美得像天仙，还是你是人家失散多年的女儿？

就因为你是人家女朋友或妻子，人家就爱你到把你当祖宗当宝贝女儿来照顾，那这样的男人是不是也有一点毛病呢？

这让我想到武志红说的那段话：

“中国人的情感模式普遍都是在找妈妈。

男人找老婆就是在找妈，只要一个女人给他温暖的感觉，让他放低戒备，觉得自己像小孩儿，那他就一定被收服了。

女人同样也是如此，她们渴望宽厚无私的爱和照料。

无论是萝莉找大叔，还是通常婚恋标准中让女人放心的忠厚男人，其实都是‘妈妈’——一个被阉割的、具有母性的男人。”

中国人通过关心一个人的身体，来关心这个人的“心”

为什么很多人的情感模式是找妈找爸？

为什么人会那么喜欢、满足甚至追求恋人将自己当成小 baby 来照顾呢？历史学者孙基隆在其著作《中国文化的深层结构》中提到这样一个观点：中国人的文化是只有“身”而没有“心”，或者把“心”按在“身”上，经常不谈“心”，只谈“身体”。

我们通过关心一个人的身体来关心这个人的“心”。我们在关系中，关心或者照顾好自己与别人，都是要让“身”满意。

比如，我们问候别人或者和别人打招呼会说“你吃了吗？”“你身体好吗？”我们照顾了对方的身体，会觉得就是照顾了对方的心了，让他的心满足了。

反过来，如果你关心一个人，爱一个人，也会去照顾好他的身体。比如天冷让他多穿衣服，不让他抽烟喝酒，督促他吃得更健康等。从这个文化角度看，很多人在亲密关系中，满足或者追求于恋人将自己当成一二岁的小孩来照顾自己的身体，其实很好理解：

他们借着对方照顾自己的身体，感受到了对方对自己的爱，所以内心觉得很满足，很被爱。从心理学的角度讲，当一个小孩被妈妈抱起喂奶，被妈妈抱着温柔地洗澡，就不仅仅是身体上获得了满足，心理上同样得到了抚慰，感到了妈妈的温暖和爱，因为身心是一体的。但如果一个人在亲密关系里，只懂得去照顾对方的身体来表达自己的爱，或者认为对方只有照顾自己的身体，给自己端茶倒水，洗澡穿衣，喂吃喂喝，才是爱自己的表现，可能说明这样三点：

1. 这个人在小时候（0—6 岁）时，没有得到看护者比较好的身体照顾。他经常处在吃不饱，穿不暖的状态，他身体上缺乏被照顾的体验。所谓，缺什么补什么。成年后，他寻求亲密关系中伴侣对自己的身体照顾，也比较依赖伴侣对自己的身体照顾。

2. 他情感缺乏，心理的情感发育还比较低级，心理年龄处于婴幼儿期。

如果一个人小时候，身体上没有得到比较好的照顾，那几乎可以断定情感上也是匮乏的，尤其是一些女性，从小缺爱。她们在原生家庭中从父母那里没有得到足够多的爱。那么到了成年，本应该寻找激情和独立的情感的时候，却容易因为情感上缺爱，没有安全感，只想找一个爸爸型的男人照顾自己，补偿自己童年的缺失，她们的心理年龄还停留在拉着爸爸的手探索世界的阶段。

3. 他不懂得除了照顾对方的身体（或者自己被对方照顾身体）之外的，其他的爱人的方式，他不懂得怎么去爱。

我遇到一个个案，因丈夫出轨来和我做咨询。

她说丈夫好爱自己，证据是丈夫经常削好水果喂自己，给自己洗脚，家里的家务也都是丈夫全包，所以丈夫很宠爱自己。

但是他们之间不知道为什么长期没有性生活（不是基于情欲在一起，而是基于生活的便利、照顾、安全等在一起的伴侣，或者一方扮演心理上的孩子，一方扮演心理上的父母的夫妻，常常会是无性婚姻）。

后来丈夫出轨了，出轨的对象既不如她年轻，也不如她漂亮。

她无法相信这一点，深受打击，前来咨询。

我们深入沟通之后发现，她从小到大一直都被父母照顾得很好，但是他们的关系是单向的，她只索取，父母只付出。

她和丈夫的关系也是如此，一方像父母一样付出，一方像孩子一样索取。

她不知道怎么去爱一个人，只懂得接受别人的付出。而且她和丈夫的关系非常稀薄，除了吃喝拉撒几乎没有其他共同话题。

丈夫告诉她，之所以会出轨是因为出轨对象和自己在同一个行业，他们之间有很多共同话题，和她在一起，自己很放松。

出轨对象不仅不需要他照顾，有时候还能照顾他，而他也享受偶尔被人照顾的感觉。

不是为出轨男人找借口，而是我们要看到这样一个事实：

久病床前无孝子。

在婚姻里面，更没有人能做到无条件地一直去照顾另一个人，且这个人还不是自己的父母、孩子，还没有病！

从依赖，走向独立，是一个人的成长之路

一个人的成长，是从依赖走向独立的过程。

一个孩子越长大，就越得离开父母的照顾，越能够靠自己去探索外部的世界。

有时候，我们会看到这样一个情景：一个九十岁的孩子，父母跟在他后面一个劲儿地问他喝不喝水，要不要穿上衣服时，孩子会嫌父母烦，甚至怼一句："不要你管。"

这可能也是一件好事。说明，这个孩子长大了。

青春期的孩子会有一个特点：他们把朋辈看得比父母重要，会经常和朋友在一起，拿自己和朋友们去比较，朋友的行为和思想也容易影响到自己。

那是因为他们渴望脱离父母的照顾，走向独立；渴望在群体中确认自己的位置，渴望和朋友们有情感和思想上的交流与共鸣。

他们成熟成长了，不仅仅需要身体上的被呵护和被照顾，还需要同龄人情感上的共鸣和理解。

从寻求身体的照顾，到寻求情感的理解，从依赖，走向独立，这是一个人的成长之路。

我们在亲密关系中有时会退行到孩子的状态，偶尔要伴侣给自己喂吃的，给自己洗脚洗脸，这很正常，这是恩爱的表现。

还有，偶尔当当小孩被人照顾，还真是很幸福。但是我们不能永远处在一个被照顾的小孩状态，只懂得索取照顾与爱，这样的关系注定无法长久维系。

单一的爱的定义与表达方式，只会让我们走向狭隘

什么是爱？作家塞林格说："很多人觉得爱是性，是婚姻，是清晨六点的亲吻和孩子们，也许是这样，莱斯特小姐。但你知道我怎么想？我想爱是想要触碰又收回的手，爱是未经触碰却在颤抖的心。"

圣经上说："爱是恒久忍耐，又有恩慈。爱是不嫉妒，爱是不自夸，不张狂，不做害羞的事，不求自己的益处，不轻易发怒，不计算人的恶，不喜欢不义，只喜欢真理；凡事包容，凡事相信，凡事盼望，凡事忍耐。爱是永不止息。"

爱的定义有很多很多，既可以像梁祝化蝶，比翼双飞，也可以像舒婷《致橡树》中所言："作为树的形象和你站在一起。我们分担寒潮、风雷、霹雳；我们共享雾霭、流岚、虹霓。仿佛永远分离，却又终身相依。"

同样的，表达爱的语言和方式也应该是丰富的，既可以是"我爱你"，也可以是"今晚的月色好美"。

单一的爱的定义与表达方式，只会让我们走向狭隘，会困住我们自己与他人，让我们没法更好地爱别人，也让别人没法更好地爱我们。

我女儿现在 3 岁半，最近进入了婚姻敏感期，经常会和我们说，要和自己的好朋友结婚。

一天，她爸爸问她：“为什么小朋友愿意和你结婚呢？”

她说：“我给他带来快乐啊，他也给我带来快乐啊。”

孩子才是真正的情感大师。

找一个给你带来快乐的人，可能比找一个只会照顾你身体的人更好，因为，我们可以照顾自己，而快乐却需要相互的激发与分享，还有，爱与照顾是相互的。

让我们相互照顾，红尘作伴活得潇潇洒洒。

不干家务的男人要小心，你极可能会被离婚哟！

前几天我在微信群里和几个闺密聊天，一姐妹发了一张老公晾的衣服的照片到群里，于是大家开启吐槽模式，纷纷吐槽自家老公的家务水平。

有的说老公拖地就像用拖把在地上鬼画符。

有的说老公从来不刷马桶，还一直深信马桶有自我清洁功能。

还有的说老公做饭时厨房简直是枪战片现场，并且他自己还总是负伤……

会干家务的男人当然有，其中也不乏特别优秀者，地板可以打扫得光可鉴人，烧个三菜一汤也是小菜一碟，带孩子还能寓教于乐，既培养了亲子关系又能促进孩子德智体美全面发展。

但网友都说自家的男人多半是这样的——啥事不干，等着开饭；啥事不会，只会怪罪。

2019 年年初，浙江省高级人民法院公布 2018 年浙江省的离婚纠纷司法大数据：2018 年，浙江全省法院离婚纠纷案件共有近 5 万（49804）起。有 34.21% 的离婚纠纷因生活琐事而造成，这是夫妻离婚的第一大原因。生活琐事重点包含家务琐事，就是说家务琐事成为夫妻离婚的第一大原因。

是的，你没有看错，不是婚外情，不是经济纠纷，而是家务琐事排在了最前面，成了离婚的第一大原因。

我看过一个离婚实录，讲了六位女性决定离婚的瞬间，其中有两位的讲述让我印象深刻。

一个是出差离家四天，他们家吃过的碗放在水槽里，结果四天了，丈夫都没有洗。

一个是厨房的灯坏了，她反复提醒丈夫换灯泡，可两个月过去了，丈夫也没有换，她在昏暗的厨房里，利用抽油烟机上的灯，烧了两个月的晚饭。

某一天她自己买了灯泡换了，但是当灯亮起的那一刻，她决定离婚。

这几年，我在咨询中也遇到越来越多的因为家务琐事想要离婚而前来咨询的女性，她们纷纷不满自己另一半的家务能力。

已婚未育的女性充满困扰：结婚后，下班回来，我要做双份的饭、双份的家务，想看看书，看看剧，都没有时间和精力了，对方则是天天下班"葛优躺"，打游戏，我当初为什么要结婚？

已婚已育的女性更加怒火中烧：让他给孩子换个尿不湿，换一次漏一次；让他给孩子洗个澡，差点没把孩子烫伤；洗的碗永远都不干净，不是油腻腻的，就是上面有饭粒；我回娘家一个半月，阳台上晾的衣服去之前什么样，回来的时候还是什么样；眼里永远都没有活，从来不主动做事，就像一个大蛤蟆，找戳一下，动一下，我都要疯了！

前段时间，有个编辑问我，同样是独生子女的一代，为什么女孩长大成了女人，自然就会做家务，男孩长大成了男人，却不会做家务？

世界上任何一项技能都是可以通过训练获得的，做家务这项技能也是如此。一个人，只要智商正常，四肢健全，通过多做家务，他就可以把家务做好，不说要达到 100 分的水平，达到 60 分的水平应该是没有问题的。

所以，男人干家务不行，主要原因就是他们不干或者干得少。

国家统计局曾发布了 2018 年全国时间利用调查公报。调查结果显示，在居民家务劳动时间方面，女性平均每天做家务 2 小时 6 分钟，男性 45 分钟，女性比男性多 81 分钟；在陪伴照料孩子生活时间方面，女性平均每天陪伴照料孩子 53 分钟，男性 17 分钟。其中 25—34 岁居民陪伴照料孩子生活的平均时间最长，为 1 小时 16 分钟，其中男性 29 分钟，女性 1 小时 55 分钟。

那为什么很多男人不干家务或者少干家务呢？

1. 男权、父权思想作祟，认为男人在家庭中处于支配地位，认为男主外，女主内，工作挣钱才是自己的事情，其他诸如育儿、做家务、照顾老人等事情，被默认为都是女人的事情。

他们在骨子里是轻视家务的，认为家务是小事，自己是干大事的主，所以认为家务这样低级的事只属于女人，而不属于男人。

可是照这个逻辑，连家务活这样的小事都不干也干不好的男人，怎么有能力干大事呢？一屋不扫，何以扫天下？

修身齐家治国平天下。不干家务，就是不修身齐家，那怎么做好更大的事呢？

但现在，很多男人却可以心安理得地做到工资挣得没有老婆多，家务又干得比老婆少。

2. 不合理的家务分工模式的复制和代际传递。

为什么很多男人不干家务或者少干家务？这个和家庭分工模式的复制有关。

我在咨询中，发现这样一个情况：在一个双职工家庭中，如果父亲愿意分担家务，父母之间有进行较为合理的家务分工，家中的男孩长大后自己组建家庭也更愿意承担家务。因为父母是孩子的榜样，他会复制原生家庭的分工模式。

反之，在非常传统的“男主外女主内”的分工模式的家庭中长大的男性，女人一个人忙得团团转，男人各种姿势沙发瘫，当他在组建自己的小家时，也会继续复制“男主外女主内”的模式，认为男人就是不干家务的，女人就是该为自己服务的。

当然，这个不是必然现象，一定也有男孩从小看到妈妈承担做家务的辛苦，心疼妈妈，自发成为妈妈家务的小助手，长大后也是家务小能手的情况。

我所说的原生家庭分工模式的复制指的是大概率上，就是说，父亲多做家务的家庭，儿子也容易多做家务。反之，父亲当甩手掌柜，酱油瓶倒了都不愿意扶一下，儿子也容易如此。

3. 家庭教育中对孩子家务教育的缺失，加上“男主外女主内”的传统观念的影响，对男孩的家务教育尤其缺失。

我相信很多人在成长的过程中都会听到父母讲类似的话“你的主要任务就是学习。你除了好好学习，其他的都不要管。”等到工作，父母的台词又变成“你就好好工作就行，其他的都不要管。”

我们“80 后”“90 后”后的成长环境一般是这样的：家长普遍重视学业，对孩子在学习方面的要求比较高，但其他方面的能力不太会去认真培养，加上应试和升学的压力，孩子整日埋头学习，导致孩子除了学习，其他什么也不会做，饭来张口衣来伸手，四体不勤五谷不分，很多人等到大学毕业、走上工作岗位后，还不会洗衣、做饭，生活自理能力差。

很多人也许会说，如果是这样的家庭教育，女性和男性家务能力应该是一样不行才对，为什么女性家务能力更强呢?

因为我们忽略了女性大学毕业到结婚生子这一段时间的家务磨练。

不知道女性朋友们有没有这样的体会，从你上大学或者大学毕业后，你的父母，周围的亲戚，以及你自己都会开始关注自己做家务的能力。你的母亲可能会说：“你要学习做饭、做家务了，不会这些，以后要结婚养孩子怎么办？”很多女孩在这个阶段对家务有一个刻意练习的过程，尝试着学做饭，尝试提高自己的生活自理能力。

可是，却没有长辈对年轻的男性说这样的话，很多男性也没有要培养自己家务能力的自觉。

还有很多女性之前是手无缚鸡之力，连蛋炒饭都不会的家务小白，在当母亲之后，纷纷被磨练成有三头六臂的女汉子，女超人。

正是在这段时期，很多女性的家务能力开始超越男性。

我家有两个孩子，哥哥和我，因为出生于农村，家里有很多活要干，虽然哥哥也会分担家务，但是父母却总是对我说："你是女孩，以后要嫁人，要做别人老婆，你要学着多做一些家务。"

看起来，无论是独生子女家庭，还是多子女家庭，因为"男主外女主内"的传统观念影响，以及家庭教育中对男孩家务教育的缺失，导致成年男性的家务能力普遍不如女性。

4. 男女在做家务这件事上共同合谋，将男人做家务的能力削弱。

我的很多女性来访者纷纷表示，只要婆婆在，自家老公就是废人一个，连一杯水都要婆婆端到他面前。

其实何止男人的妈妈在，男人就成废人，就是丈母娘在，或者有一个不肯放手、喜欢大包大揽又对家务要求比较高的老婆在，男人也成了废人。

家庭关系、家务分工模式往往是男女互动出来的结果。

比如，在很多家庭里，尤其是有新生儿的家庭，男方的妈来，女方的妈也来，再加一个孩儿妈，三个女人都做家务、照顾孩子，基本上就没有男人什么事了。

比如，当爸爸想给孩子换尿布时，奶奶或者外婆往往一个健步冲上去："我来，我来，你一个大男人哪里会做这些事情！""你上班辛苦，赶紧休息去吧！"于是，爸爸就待在一边玩手机、看电视、玩游戏去了。可以说，很多男人不干家务都是家里的女人们惯出来的。

再比如，当男人干家务刚开始做得慢或者做得不太好的时候，女人们会烦躁地说："一边去，让你干还不如我自己干来得快。"或者给予严厉的批评和指责："你这人怎么这么笨啊！""这点儿事情都做不好！""尽会帮倒忙，让你做还不如自己全干了！""你怎么这么不靠谱啊！"

当家中的女人，无论是年长，还是年轻的女性抱着"男人干不好家务"的想法，要么不让男人们做家务，剥夺其干活的机会，要么就是否定和批评男人们做家务的表现。

在各种负面心理暗示和否定、批评、打击下，再加上人性都是喜欢偷懒，喜欢依赖，习惯逃避痛苦和困难，男人就什么家务都不做了。不做，自然就没有训练的机会，然后就更加不会做，做不好。

于是，更加被否定和打击，最后就形成了男人更加不参与家务，女人更加嫌弃男人没用的局面。

女人将男人排挤出做家务、带孩子的队伍，男人顺势逃避家务、育儿的责任，而女人从中获得价值感和优越感，男人从中获得舒适感和解脱感。

从这一点上讲，男人干家务不行，是男人和女人共谋出来的结果。

基于以上四点，期待男人在家务能力上要获得很大的提升可能还需要至少一代人的努力，尤其需要我们这一代的父母拥有更加和谐的思想，在家庭中树立榜样，合理分工，让爸爸多多参与家务，在教育男孩方面也要考虑其家务能力的培养。

有一则短片，一位老父亲去看望已经结婚生子的女儿。

他看到下班回家的女儿手里拎着菜，一进门瞬间变身为一个身兼妈妈、妻子、女儿、员工多重身份的女超人。她问孩子作业做了没有，她注意到孩子的衣服弄脏了，她把订好的机票交给父亲，然后接到公司的电话。接着她一边讲电话，一边点燃煤气灶做饭，还不忘打开电脑看一下工作进度，收拾孩子落在地上的玩具，同时还顺便给坐在沙发上的丈夫倒了一杯咖啡。女儿继续忙碌着，电话一直没来得及放下。她做饭，给孩子脱下脏衣服，洗衣服，穿梭在洗衣房跟厨房之间忙得焦头烂额，但是她的丈夫一直悠闲地坐在沙发上，看着电视，玩着电脑。

父亲看到这一切，眼中是满满的心疼，心中是对女儿无限的愧疚，他说："愧疚你不得不自己一个人完成这些事情，后悔以前你玩过家家的时候没有制止你，我从没有告诉过你这不是你一个人的责任，你的丈夫也有份。"

他后悔自己这些年来没做一个好的榜样："但我没有资格说他，因为我也从来没有帮过你妈妈，你老公肯定也是从他爸爸那里学会这些。人都是看到什么学什么。"

是的，男人们，如果你想自己的儿子女儿拥有更好的两性关系，以后拥有更幸福的婚姻生活，请积极做家务吧，为孩子做一个好榜样！

其实，男人积极做家务，女性受益，男人自身也是受益者。研究表明，男人越积极做家务，性生活就越多，婚姻就越幸福。因为男性愿意分担家务，可令女性觉得公平，感到开心，也会让女性在婚姻生活中感到更轻松一些，两性关系也会因此增加满足感，彼此的冲突也自然减少。

如果你家里也有一个家务活不行的男人，你可以做一些什么帮助他提高家务能力呢？

1. 帮助他确立"家务面前，人人平等"的先进价值观。

2. 进行更细致的分工，给予明确的指令和要求，让他多做家务。

3. 建立小家庭为核心的生活，减少婆婆妈妈们在家务上的大包大揽。

4. 学会放手，学会降低要求，控制自己吹毛求疵的态度，多多肯定男人在家务方面的付出和努力，适时的鼓励和感谢他，这会让他做得更好。

最后，祝大家都能收获一枚会干家务的好老公！

如何让自己成为好伴侣培养皿

Echo 从一个朋友的同事口中得知了前男友的生活状态：他在这一年半的时间里结婚生子，他对妻子和孩子温柔又有爱，工作上也积极负责，获得了一次晋升的机会，他还参加了一次半程马拉松比赛，并且正打算和朋友一起兼职创业做一个互联网项目。

什么！不是开玩笑吧！结婚生子、升职加薪、跑马拉松，怎么可能呢？这个曾经被自己视为渣男，最终毫不留情地放弃的男人怎么现在会过得如此幸福，成为大家羡慕嫉妒恨的斜杠青年 + 人生赢家？ Echo 想不通，你若安好，对我便是晴天霹雳啊！

Echo 回忆起那段持续近两年的恋爱，男友工作没有上进心，每天下班后就沉迷于网络游戏，让他陪自己一起出门夜跑简直会要了他的命。他总跟自己在钱上斤斤计较，房租、水电煤气都是 Echo 一个人付的，可他还经常给自己甩脸色，发泄负面情绪，三天两头和自己吵架，她常常感到愤怒和绝望，生活得很不快乐。

Echo 永远也忘不了自己那一次生病的经历。她感冒发烧到 38 摄氏度，躺在床上，让在外面和朋友聚餐的男友买一点药和吃的东西回家。结果，男友居然买错药了，回到家对着发高烧的 Echo 不闻不问，倒头自顾自地睡着了。Echo 再也忍不住了，她使劲将男友叫醒，两人间又爆发了一次激烈的争吵。之后，两人就分手了。

Echo今年三十一岁，从大学毕业至今，她认真交往过三个男友，每一次恋情都很投入，可结局却都是不欢而散。她记得初恋对自己很好，但是后来因为男方父母希望他回老家发展，而Echo希望他留下来，两个人为此争吵不休，最后分了手。Echo当时很伤心，觉得男友爱得不够坚定，所以选择了父母，抛弃了她。第二任男友则是在他们恋爱一年后失业了，失业后的半年里男友都不积极找工作，都是Echo在养他，两个人为此经常吵架。后来男友终于振作起来，重新找到了工作，可就在找到新工作三个月后，他出轨了，恋上了单位里的女同事。第三任则是前面提到的那个对生病的自己不管不顾，冷漠又自私的男人。

想到挫折连连的恋爱史，Echo很沮丧，觉得自己命里都是烂桃花，为什么她总是遇不到好男人呢?

如果你只是遇到一次渣男，说明你运气不好，但是如果你总是遇上渣男，可能就要认真想想是不是自己哪里出了问题。

知道前男友的消息后，Echo忽然好奇起其他两任男友目前的发展情况。她想知道，是自己遇到的都是渣男，还是自己将他们“变成了渣男”。如果自己总是遇上渣男，那是自己身上的什么特质吸引了他们；如果是自己将他们“变成了渣男”，那自己到底对他们做了些什么。

为了得到答案，Echo鼓起勇气，联系了许久不曾联系的前任们，诚恳地告诉他们：“我想更多地了解自己，希望你可以帮助我，真实地告诉我，你认为当初我们分手的原因是什么？我有哪里做得不好？”

初恋已经结婚多年，孩子都会打酱油了，他的妻子是本地人，他们通过相亲认识，但是感情挺好，目前一家三口生活得安逸富足。

他告诉Echo当年他与她在一起时压力很大，一方面是他父母对他的期望和女友对他的期望有冲突，这让他左右为难；另一方面是当时他的工作也不顺心，跟领导的关系很紧张，而女友似乎不能理解自己。最重要的是作为女友的Echo总是在指责和抱怨，说他没用，没能力，说他不重视自己。

他说："你总是有那么多不满，我不知道怎么做才能让你满意。好像你跟我在一起，我就只能让你受苦。我还觉得自己配不上你。你总是那么高高在上地指责我，让我觉得很受不了。"

Echo的第二任男友目前在一家世界500强企业工作，与现女友的感情很稳定，前段时间他们刚顺利见了家长。他说了跟初恋类似的话："你总是希望我听你的意见，按照你的要求和方式来，如果我没有那么做，你就会很不高兴，好像都是我的错。我想哄你也觉得好难，怎么哄都不行。你还经常说我不如你闺蜜的男朋友某某某有本事。"

"和你相处的过程中，总让我觉得自己很差劲，你好像总是比我能干，比我赚钱多，比我会社交……你常常打击和批评我，让我觉得自己一无是处。每次我做了什么让你不高兴了，或者我们之间出了什么问题，我试图找到解决问题的办法，而你则只顾发泄情绪或者用冷战来惩罚我，让我觉得很累，后来只想从你身边逃走。"第三任"人生赢家"男友如是说。

听了一条条历任男友对自己的评价（控诉），Echo开始是感到出乎意料，接着是愤怒，觉得他们都在推卸恋爱失败的责任，"分手又不是我一个人的错”。再接着她开始深刻反思：为什么他们和我分手后，都变成了好男人、好伴侣，我在这中间到底做了什么？

这时，她才重新审视过往的恋爱关系，看到了自己的责任，对自己有了更多的认识：她在亲密关系中十分强势，喜欢控制对方，常常希望改造对方，让对方成为自己期待中的样子；她习惯打击和指责伴侣，而很少肯定他们，同时她又无法控制自己不稳定的情绪，觉得如果对方爱自己，就应该承受自己的负面情绪，承受不了就是不爱自己；她还有一种受害者的心理，觉得自己付出了很多，分手都是男人的错，都是男人伤害了自己，辜负了自己。

任何一段恋爱关系的破裂都并非是一个人单方面的错，但当Echo反省了自己的问题时，她就在承担属于自己的责任，也在对自己的未来负责。

不知道大家是否有这样的体会：你是怎样一个人，很多时候自己是不知道的，往往是在与人交往过程中，尤其是亲密的关系中，你才看清了自己。有时你会看到自己是一个天使，有时你又会看到自己是个魔鬼；有时你觉得自己是个英雄，有时你又觉得自己是个恶棍。总之，每一个人都是你的一面镜子，你也是其他人的一面镜子，你映照和塑造着他人，他人也映照和塑造着你，一切都在不知不觉中发生着变化。

一个女性来访者曾对我说：“跟他在一起的那两年，我才知道自己有多恶毒，多可怕，多疯狂。他就是有一种魔力，能激发出我身上最坏的部分，让他讨厌我，也让我讨厌我自己。仅仅两年时间，我就变成了自己最讨厌的那种人。庆幸的是我离开了他，离开他之后，我觉得自己的一切又变好了。”

另一位女性来访者则告诉我相反的内容：“跟他谈恋爱的那几年是我状态最好的时候，我觉得很有安全感，很轻松自在，做什么事情都有被支持的感觉。那几年我做任何决定都不会犹豫，也不会担心别人对我的评判，我对自己很有信心。我的工作也发展得非常好，连续两次升职加薪，对未来充满了希望。但分手之后，我所有的一切都变糟了，我现在很后悔。”

有一次上心理学的课，给我们上课的教授介绍了某一位国际上著名的心理学家，他开玩笑地说：“原来这小子不怎么样，只是一个默默无闻的研究员，他老婆可比他厉害多了，但是结婚几年之后，他就变得比他老婆厉害了，两个人经常一起出书，全世界演讲。所以，同学们，找一个好老婆是很重要的！”

这番话让我想到了李安和他的妻子林惠嘉的故事。

李安未成名之前曾在家里当了六年家庭煮夫。在这六年的时间里，李安每天除了在家里大量阅读、看片、埋头写剧本外，还负责买菜做饭带孩子和打扫卫生。每到傍晚做完晚饭后，他就和儿子一起兴奋地等待“英勇的猎人妈妈带着猎物回家”。

这六年里，都是妻子林惠嘉挣钱养家。她是美国伊利诺大学的生物学博士，有朋友认识与林惠嘉一起工作的同事，他告诉我说，林惠嘉每天很早就到实验室做研究，她白色的实验服总是第一个挂在衣架上，工作上很努力和负责。

亲戚、朋友曾质问林惠嘉：“为什么李安不去打工？大部分中国留学生不都为了现实而放弃了自己的兴趣吗？”看到老婆一个人养家，李安觉得过意不去，开始偷偷地学电脑，希望能尽快找一份工作养家糊口。那时他正打算放弃电影梦想，情绪萎靡不振，妻子林惠嘉发现后，就一字一句地对李安说："安，要记得你心里的梦想！"后来妻子又告诉他，"学电脑的人那么多，又不差你李安一个！"

林惠嘉是一位非常独立和出色的女性。李安曾说："妻子对我最大的支持，就是她的独立。她不要求我一定得出去工作。她给我充足的时间和空间，让我去发挥、去创作。要不是碰到我的妻子，我可能没有机会追求我的电影生涯。"可以说，妻子林惠嘉的鼓励和支持，以及在婚姻中独立的个性成就了李安的梦想。

同样的，李安内心的强大、卓越的才华和温润的个性，让他能够和妻子组建一个亲密幸福的家庭，并使自己梦想成真。我们可以试想一下，换其他的男人，能不能欣赏这样一位独立的妻子，能不能做到不因妻子比自己优秀而感到沮丧和自卑，能不能做到不因妻子养家自己做家庭煮夫而感觉没尊严没面子，不因外界的质疑和评论而放弃梦想，并且还努力为梦想坚持和拼搏。

在这个家庭中，男人女人相互欣赏和鼓励，给予了彼此积极正面的影响，共同成长，相互成就。

为什么有的人是好伴侣培养皿，有的人却是渣伴侣制造商呢？这是一个非常复杂的问题。你可以说这是因为遇到了合适／不合适的人，你也可以说这是爱情的魔力，爱情既可以培养一个人，也可以毁灭一个人。

如果从心理学的角度来解释，这其实是亲密关系中的投射认同在起作用。

比如有的人把自己内在的不安全感、对世界的不信任感投射到伴侣身上，她完全看不到伴侣身上值得信任的地方，只盯着他那些未及时回的电话、那些撒过的无关紧要的小谎、那个未遵守的约定……不信任的能量是如此强大，时间一长，她成功地让伴侣认同了自己，于是伴侣撒更多的谎，甚至背叛自己……最后真的成了一个不值得信任的人。

比如，有的人把自卑和无能的部分投射给伴侣，总是打击批评对方，抱怨他做得不好的地方，以此来彰显自己的强大和优越。如果另一半认同了这种无能感，就会觉得自己真的很差劲，自我价值感会越来越低，后来整个人就真的变得自卑和无能了。

人与人之间的关系是非常微妙的，在潜意识深处彼此相互触发，相互创造。我注意到我在有的人面前会成为一个非常有耐心的倾听者，在有的人面前又会成为侃侃而谈的教育者，而在另一些人面前我可能会成为一个默默的隐身者。它们都是我的一部分，也都是真实的我，只是我在和不同的人互动时，潜意识可能安排我演了不同的角色和剧本。

有朋友曾告诉我，她很害怕在丈夫面前做错事，她说：“我隐隐地感觉到我的丈夫希望我成为一个完美的妻子，如果我做错事了，我担心他会非常生气。所以，我总是竭力扮演一个完美的妻子，烧可口的饭菜，对丈夫温柔体贴，孝顺公婆。但我时常又有一股破坏的冲动，想要毁掉这份完美，做一个不一样的自己，我不知道哪一个才是真实的我。”

有时，我们几乎没有意识到自己在扮演别人期待我们扮演的角色；有时，我们也没有意识到我们在给别人分配角色，让他们扮演我们希望他们扮演的角色。

我们在与他人的亲密相处中了解自己，改变自己，同时我们也在发现并且改变，甚至创造与我们亲密生活的人。

古希腊有这样一则神话故事。塞浦路斯的国王皮格马利翁是一位有名的雕塑家，他精心地用象牙雕了一位美丽可爱的少女。他深深爱上了这个“少女”，并给它取名叫伽拉忒亚。他还给伽拉忒亚穿上美丽的长袍，并且拥抱它、亲吻它，他真诚地期望自己的爱能被“少女”接受。但它依然只是一尊雕像。于是，他带着丰盛的祭品来到阿佛洛狄忒的神殿向她求助，他的诚意感动了阿佛洛狄忒女神，女神决定帮他。

皮格马利翁回到家后，径直走到雕像旁，凝视着它。这时，雕像发生了变化，伽拉忒亚成了一个真实的活生生的美人。她向皮格马利翁走来，用充满爱意的眼神看着他，浑身散发出温柔的气息。最终，皮格马利翁的雕塑成了他的妻子。

在我们的亲密关系中，我们每一个人都是皮格马利翁，但我们与他不同的地方在于，我们也被另一半塑造着，我们心爱的“伽拉忒亚”在往后的生活中会不断地塑造和改变我们。

一段真正高质量的伴侣关系中，伴侣双方一定是彼此欣赏、相互塑造的，对方会因为你对他（她）的欣赏和鼓励变得更加优秀和出色。

那么，如何让自己成为好伴侣培养皿，而非渣伴侣制造商呢？

首先，更多地了解我们自己，了解我们的伴侣，了解彼此的相处模式。其次，不断地自我成长，让自己先成为一个好伴侣，让别人与我们在一起时感到舒服自在。再次，发现伴侣身上美好的部分，用欣赏和赞美的目光将对方塑造成一个更好的人。

为什么排除万难也要和伴侣亲亲抱抱

《延禧攻略》中魏璎珞在最初认定富察·傅恒就是玷污和杀害自己姐姐的凶手，所以为了报仇，她努力让自己从绣坊中脱颖而出，进入长春宫，借机接近傅恒。

那么，她是如何成功地让一本正经、家教森严的“三好青年”傅恒爱上自己的呢？

第一步就是让自己和傅恒肢体亲密，关系亲近。

魏璎珞和傅恒在长春宫见面的时候，故意喊傅恒为“少爷”，在言语上拉近两人的距离。不仅称呼和语言上亲近，身体距离上也亲近。与傅恒说话的时候，魏璎珞特意站得很近，脸都要挨着对方，还故意对着傅恒傻笑。

魏璎珞还装成不识礼数的样子，对傅恒一会儿摸胸，一会儿拉手，“上下其手”，搞得傅恒害羞又尴尬，一再强调这样的行为不得体。

傅恒虽然心里清楚这是魏璎珞蓄意勾引的行为，却依然被对方撩动了心。再加上后来的相处中，他对魏璎珞的心灵美有了更多的认识，最终真正爱上了她，一心想要娶她为妻。

还记得吗？谈恋爱的时候，你们是不是也像傅恒和魏璎珞一样，总想着和对方亲亲抱抱举高高？甜得要命。可是有多少人结婚之后，尤其是生了孩子之后，就再也没有了恋爱时候的亲密了呢？

你可能会回答：因为激情已经褪去，老夫老妻的，摸对方的手，就像自己的左右摸右手。或者回答：工作、孩子、家务、房贷、车贷已经让我忙碌和疲惫不堪了，哪有心情与时间和对方拉拉小手，做亲密的事？

其实，撩一个人，需要身体的触碰；恋爱时，也需要身体的接触；进入婚姻后，更需要身体的接触。

社会心理学和人类学上都有“人际距离”这一概念，就是指个体之间在进行交往时通常保持的身体距离。

个人距离（0.45~1.2 米），一般是朋友、熟人之间的距离；社会距离（1.2~3.5 米），具有公开关系的个体之间的距离，如上下级关系、顾客与售货员之间、医生与病人之间等；公众距离（3.5~7.5 米），用于进行正式交往的个体之间或陌生人之间，这时的沟通往往是单向的，比如演讲者与观众之前的距离。

亲密距离是多少呢？ 0~0.45 米。这样的距离通常出现在父母与子女之间、情人或恋人之间，有的时候也出现在非常好的朋友之间。在此距离内，双方均可感受到对方的气味、呼吸、体温等。

可以看得出来，身体距离与情感距离紧密相连，我们往往可以通过两个人的身体距离来判断出他们关系的亲密程度。

在做面对面的夫妻咨询时，我会特别留意初次跟咨询者见面时男女双方的坐姿，是彼此挨着坐，还是离得比较远；身体是相互靠近，还是相互远离。我常常以此判断两个人目前的关系如何。

因为，关系越是亲密的人，他们的身体距离也就越近。

这也是为什么当我们看到那些老年夫妻七老八十还手牵着手走路时，会觉得很美好，并心生羡慕的原因。

我们不是羡慕他们牵手这一行为本身，而是羡慕他们关系亲密，在一起生活几十年依然恩爱有加。

关系亲密的夫妻，身体的接触通常比较多，而身体的接触又会影响夫妻的亲密关系。

有很多女性，为了能得到母亲的照顾，一怀孕就搬回娘家住，与丈夫开始异地夫妻的生活模式，或者生完孩子后与丈夫长期分床睡。这样做其实有很多负面的影响：

1. 这会给丈夫暗示，好像怀孕生孩子只是女人的事，与他无关。

2. 这会减少男人和孩子的接触，不利于男人父亲力的培养。

3. 容易造成母亲和孩子的关系过度紧密，夫妻感情变得疏离。女人和孩子捆绑到一起，与丈夫分开了，没有睡在一张床上，因此身体的接触少了，夫妻的感情也受到了影响。

盖瑞·查普曼在《爱的五种语言》（五种语言：肯定的言词、精心的时刻、服务的行动、身体的接触和接受礼物）中说：

“身体的接触可以建立或破坏一种关系，它可以传达恨或者爱。对主要的爱语是身体接触的人来说，身体的触摸远胜于‘我恨你’或‘我爱你’这样的字句。”

“身体的接触，也是沟通婚姻之爱的有力工具。牵手、亲吻、拥抱以及性生活，都是一个人跟他的配偶沟通爱的方式。对有些人来说，身体的接触是他们主要的爱语，缺少了它，他们感觉不到爱。有了它，他们情绪的箱子就满了，而且在配偶的爱里，他们觉得安全。”

关于身体接触的本质，盖瑞·查普曼认为：“我的任何部分都住在身体之中。触摸我的身体就是触摸我；远离我的身体，你就是在感情上远离我。”

我们的身体和情感紧密相连。

韩国的一部短篇曾刷爆朋友圈。

短片中的夫妻原来感情很好，婚姻十分幸福。可结婚几年后，激情褪去，他们渐渐“习惯”了彼此，不再表达对对方的爱意，甚至不再和对方说话。

有一天，丈夫提出了离婚，因为他觉得两个人之间感情淡了，没有爱了。

妻子想了一整晚，第二天告诉丈夫，离婚可以，但是接下来的一个月，丈夫要完成自己提出的一些要求。这些要求是：

出门前抱一下她再走；

在一起的时候牵她的手；

睡前说一句“我爱你”；

早上醒来亲吻她。

丈夫每天按妻子的要求做，刚开始他还有点敷衍和抗拒，可能心想着为了离婚要忍耐。可随着时间的流逝，他开始深切地感受到妻子对他的关心和爱，而他一直把妻子的付出，都视为理所当然的事。

直到同事问起他当初是如何求婚的，他才突然想起，他求婚时曾对妻子许诺过："我向你保证，每天都牵你的手，每天都抱你，每天都亲你，每天都说我爱你，你愿意嫁给我吗？"

这时，丈夫才明白妻子为什么会提这些要求。他奔跑回家，去追正在收拾行李，准备离开的妻子。

这部短片让我想到电影《巴黎，我爱你》中的一个故事。

男人背着女人有了外遇，跟激情四射的情人打得火热。

他觉得妻子和他格格不入，多年来她喜欢穿那件红色外套，喜欢穿同样的白衬衣，走过栅栏的时候喜欢用手划过它们，做早饭的时候总是哼唱《生命的漩涡》这首歌。这所有的这一切他都厌倦至极，想要摆脱，他已经不再爱她了。

男人本来约了妻子在餐厅见面，打算提出离婚。可是妻子却哭着告诉他，自己患了白血病晚期。不忠的丈夫得知妻子这个境况后就忍住了要离婚的话语，肩负起自己的责任。他与情人分手，回到妻子身边，一心一意陪伴她度过剩下的日子，和她做所有爱妻子的丈夫应该做的事情。

他让她沐浴在她一直渴望的关爱中：他悬挂油画，按着她的意愿挪动东西；陪她去看她喜欢的早场电影；耐心地陪她购物；还读村上春树的小说给她听……

没想到，在这些日子里，他们的感情提升到一个意想不到的层次，"所有的一切，即使是最平凡的事情，也有了迥然不同的含义。"

这个故事后半部分有个细节令我印象深刻。

妻子在厨房做早饭，还是轻声哼唱着那首原本令丈夫讨厌的歌曲，这时候丈夫却走过去从后面抱住她，他们亲吻，耳鬓厮磨，这使他再一次品尝到了恋爱的滋味。

“当妻子在他怀里死去时，他也陷入了情感昏迷，再也没有苏醒过。直到多年后，每当见到穿红色风衣的女人，他的心头还是会为之一振。”

也许你和你的伴侣已经结婚多年，感觉爱情已经变成了亲情，很少像恋爱时那般甜蜜了，性生活的次数也越来越少，但是请你努力尝试做一些表达爱的行为，你们也许就会幸福很多，就像电影中的那个男人，再次拥有甜蜜的爱情。

我们的感受会影响我们的行为，我们的行为也会影响我们的感受。

身体的接触会影响我们对爱情、对关系、对情感的感知，一个常常被丈夫拥抱的女人，自然会认为自己是被爱着的。

当我们对一个人充满爱意的时候，我们会忍不住去亲亲抱抱对方。同样，如果我们一直在亲密关系中保持着身体的接触，时不时地亲亲抱抱我们的伴侣，我们就会觉得两人之间爱意满满。

爱一个人，不仅要靠语言的表达和行动上的付出，还要靠身体实实在在地做出来。

以下是我从《爱的五种语言》中摘出来的一些关于身体接触的实践性练习，从现在开始操练起来吧，让你的伴侣感受到你满满的爱意如潮水般将他／她包围。

实践性练习：

如果你和配偶爱的语言是身体接触……

1. 当你们从停车场走到购物中心的时候，伸出手握着配偶的手。

2. 一起吃晚饭的时候，慢慢移动你的膝盖或是脚，来碰触你的配偶。

3. 对你的配偶说："最近，我有没有表示过我爱你？"搂着她/他，拥抱她/他，抚揉她/他的背，继续说，"你最了不起！"然后设法抽身，继续做下一件事。

4. 当配偶坐着的时候，走到她/他背后，按摩她/他的肩膀，持续五分钟，除非你的配偶要求你提前停止。

5. 以按摩配偶的脚来开始性接触，再转移到身体的其他部位，只要那样做就能够给你的配偶带来快乐。

6. 在温暖的浴缸里放水，然后对你的配偶宣布，你正在找一个同伴加入。

7. 一边开车兜风，一边将手伸过去，抚摸配偶的腿、肚子、手臂、手……如果他或她说："停止！"当然马上刹车。

8. 当家人或朋友来访时，当着他们的面跟你的配偶身体接触。在你们站着说话的时候，拥抱、抚摸手臂、挽着手臂或者只是把手放在对方的肩头，就可以得到双倍的情绪分数，那表示："即使有那么多人在房子里，我仍然看得见你。"

9. 当你的配偶到家的时候，比平时早一步去迎接他或她，然后紧紧地拥抱对方。

咨询师是如何和丈夫吵架的

有朋友在微信上问我："作为婚恋咨询师，你的婚姻是不是很幸福呀？"

我开玩笑地答："一般幸福吧！这段时间孩子睡得好了，我又比较忙，看老公还比较顺眼。"

朋友回复："哈哈，怎么感觉你的幸福跟你老公没啥关系？"

这一次我认真严肃地回她："一个人幸福不幸福，跟老公（伴侣）是什么样的人关系挺大的，但是更重要的是她怎么处理跟老公的关系。"

为了生动地说明这一点，我举了一个近期和大卫吵架的例子，这是大半年来，我们第一次因为意见不合发生这么大的冲突。

上周的某个下午，春光无限，阳光明媚，我和大卫骑着自行车带着女儿小巴掌去公园玩。小巴掌坐在她爸爸自行车前置座位上，手里拿着一瓶打开的泡泡液。骑到半路时，天气有点热，我们停下来脱衣服，整理东西。小巴掌这时候在玩她的泡泡，她把泡泡液全倒在了地上。

补充一下背景信息：这瓶泡泡液是我五分钟之前在小区的小商店里买的。在此之前我给小巴掌做午饭、喂饭，喂完饭之后给她换衣服。大卫在家里用买的浓缩泡泡液自制了一瓶，但是却吹不出多少泡泡，我又加工了一下，结果泡泡更少了。小巴掌看到刚做好的泡泡液就在门口的走廊上玩，坐在自行车上不肯下来，不让她玩就大发脾气，怎么劝都不肯去公园。我只好把泡泡液倒了，然后抱着哭闹的她，一边安抚一边乘坐电梯下楼，答应给她买一瓶新的。丈夫和公公则帮忙推着两辆自行车下楼。

小巴掌很快被安抚下来，我们骑着自行车在小区的商业街买了新的泡泡液。我也是自讨苦吃，当时就把瓶子打开了，小巴掌闹着马上就要玩，还非要自己拿着泡泡液。我只好再次安抚好她，把她放在自行车座位上，出发去公园。

然后不到五分钟，新买的泡泡液全被她倒光了。

这件事成了压死骆驼的最后一根稻草。疲惫不堪的我崩溃了，沮丧地坐在路边的草坪上，我对大卫说："你为什么就不能扶一下她的泡泡液？我真的崩溃了，不想去公园了。"

大卫说："我就不想扶，反正早晚都要倒掉的。"他接着劝我，"赶紧骑上自行车走吧，天气这么好，不要浪费时间，宝宝在看着我们呢。"

我准备强打精神骑车继续上路，对丈夫说："我不是生宝宝的气，我是生你的气，你为什么就不能扶一下她的泡泡液？你就在她旁边，而且她是慢慢地倒掉的，你完全可以扶一把。"

大卫答："我就不想扶，我觉得也不需要扶，早倒早好。她自己拿着打开的泡泡液好几分钟没有倒掉，我已经很意外了，反正早晚都会被她倒掉的。"

我再次崩溃，觉得他根本就没有抓住我讲话的重点，根本不理解我："重点是你不去扶一下。我现在很生气，很崩溃，根本没法和你们去公园了，我要骑车回家，我需要一个人冷静一下。我觉得现在和你们分开一下比较好。"

接着，我就骑车走了，一路上我都在消化自己的情绪。一方面希望大卫按照计划带着女儿去公园，另一方面又希望他来追我，来哄我。

骑了一会儿，发现他们没有跟过来，我就停了下来，缓缓地推着车子在路上走，边走边思考我们刚才发生了什么。

我真的很生气，觉得这个男人做什么事情都是慢半拍，又被动。平常孩子摔倒了不知道扶，泡泡液倒了也不愿意扶。原本我很期待带着孩子去公园吹泡泡，度过一个愉快的春日午后，都被他毁了。离婚算了，反正有他没他日子都是一样过，要这个男人有什么用?!

推着自行车，我走到了家附近的湿地公园，决定骑着自行车在公园里转悠，一个人冷静冷静。

我一个人骑行在茂密的林荫路上，感受着春风拂面的温柔，然后到江边看船，看江水波涛拍岸，看新抽出绿叶的柳枝随风摆动。

就这样过了一个小时，我的气也消了大半，觉得事情没有那么糟糕，觉得"扶不扶泡泡液"只是一件很小的事情，我只是太累了，之前在和泡泡液死磕，意志力消耗殆尽，最后泡泡液洒了才让我这么崩溃。

在我一个人待着期间，大卫给我打电话，发信息，发图片，诱惑我他们所在的公园有多美，但是我的手机在他的自行车上放着，因此我们一直没有联系。

我从湿地公园里出来，看到不远处的马路上，丈夫带着女儿回来了，我忍不住笑了。大卫也看到了我，他带着女儿过来找我。就这样，我在路上偶遇了我温柔的老公和漂亮的女儿，阳光还那么好，那一刻我忽然觉得人生好幸福。

我们一家三口又到路边的公园玩了好一会儿，虽然没有吹泡泡，但是我们在河边玩水，看河里游泳的小野鸭，看天上的飞机，看别人钓到的小鱼，还遇到一只特别可爱的小狗，小巴掌和它玩得很开心。

在这个过程中，我和大卫再次讨论起我们争吵的点——“要不要扶泡泡液”这件事。他认为没必要扶，而我认为他应该扶。他不觉得自己的想法和做法有什么错，他认为，爆发冲突是因为我们俩对待同一件事情的认识和标准不同而已。我也认同了他的观点。

最后，我们达成共识。

我说：“下次我们再遇到孩子倒泡泡液的这种情况，你可以为我扶一下。你可以想，我老婆希望我扶，我扶了，我老婆会高兴，你愿意为我这样做吗？”

他答：“我愿意，下次我可以试试，但是人都有惯性，第一反应可能还是自己自动的思维和一直以来做事的习惯。我没法保证一定就能做到，可能我会反应慢一点。”

我答：“我可以接受。”

我们还谈到当我感到疲惫的时候，大卫可以多带带孩子，让我休息一下。

夕阳西下，我们一家三口经历了争吵与和好，骑着自行车快乐地回家了。

接下来就来分析一下我们的这次争吵。

其实像我们这样，因为一件很小的事情发生摩擦，在很多夫妻的日常相处中都会发生，因为对一件事的做法、看法不一致而发生争吵更是非常普遍的现象。

为什么有的夫妻会因为差异吵到要离婚，有的夫妻争吵后反而更亲近了，关键在于争吵的过程中思维方式和沟通方式不同。

1. 谈自己的情绪感受，而不是一味指责对方。

虽然我很生丈夫的气，但我并没有一味指责他，更多的是告诉他我的情绪、我的需要：我崩溃了，我需要自己一个人待一会，冷静一下。

2. 学会理解、分析和处理好自己的情绪。先处理情绪，再处理事情。

我理解自己崩溃是因为那一天我太累了，早上做咨询、写文章，中午给孩子做饭、喂饭，还一直在安抚和处理她时不时产生的哭闹情绪。

泡泡液倒了我这么生气，是因为现实和我的期待不一致。我期待丈夫去扶倾倒的泡泡液，我期待我们和孩子在公园可以开心地吹泡泡。

当现实和我们的期待不符时，我们容易因为挫折、失望而生气不满。

我知道，做运动和在大自然里面走走可以帮助我处理好自己的情绪。

很多人在和伴侣因为争吵产生不良情绪的时候，既不了解自己的情绪因何产生，也不知道该怎样处理自己的负面情绪，反而借着情绪越吵越厉害，最后彼此都非常受伤。

3．不争对错，而是真正看到并且接受彼此的差异。

刚开始，我还觉得大卫不扶一下倾倒的泡泡液是他的错，我活在自己的“应该”里，觉得他就“应该”扶。

但是实际上，很多事情没有对错，没有应该不应该，只是角度、立场、做事方式、思维方式和选择不同。

因为是我买的泡泡液，因为我很想和女儿玩泡泡，因为我觉得他就站在边上，所以我觉得他不扶就是错，可是站在他的角度，不扶并没有错。

后来，我放下了对错，真的接受我们在这个事情上处理方式就是如此不一样。

关系好的夫妻都是不争对错，而是看见并且接受彼此的不同，包容彼此的不同。关系不好的夫妻则总是在争对错，非要觉得自己是对的，对方是错的，非要对方和自己一样，非要纠正对方，非要对方认同自己。最后，争赢了对错，却输掉了关系。

4．懂得适时地做出妥协和让步。

婚姻关系是一种融合，这决定了在很多事情上，处在这种关系中的两个人必须做出妥协。你没法像一个人时那么自由，但你也会收获两个人的快乐。长期的夫妻相处想要成功，需要彼此相互妥协，适度地让步。

很多伴侣在争吵中寸步不让，有的时候一方示好了，给出修复关系的信号，另一方却不肯接收，结果导致新一轮争吵爆发。有句话说，给个台阶你就下。对方如果已经表现出想要和好，或者修复和改善关系的迹象时，我们要见好就收，不要再为了逞口舌之快而与之争吵。

5. 争吵之后愿意复盘，愿意一起努力寻求问题的解决之道。

复盘，是围棋术语，指每次博弈结束以后，双方棋手把刚才的对局再重复一遍，这样可以有效地加深对这盘对弈的印象，也可以找出双方攻守的漏洞，是提高自己水平的好方法。

争吵中的复盘，是指两个人在争吵之后，待双方情绪平复下来再开诚布公地谈谈争吵是如何发生的，交流彼此真实的想法、需要、期待是什么，去看看两个人争吵的关键点在哪里，讨论下次如何可以避免类似的争吵。

我和大卫最后达成一致，我提出了自己的需要，希望他为我做些什么，他也愿意尝试，虽然不能保证他一定做到，但我也能接受。

在咨询中我遇到很多夫妻非常回避争吵之后的复盘，很多人争吵之后，会当成什么事情都没有发生一样，该干什么干什么。

他们没有讨论，没有分析，没有反思，两个人没有一起思考“下次再遇到这样的问题怎么办”，看起来这样的做法和谐又省事，殊不知这样偷懒的沟通方式只会让同样的争吵一次又一次发生，一次又一次破坏两个人的亲密关系。

彼此也因为长期假装没事，实则积怨不断深埋，导致新仇旧恨越来越多，积怨无法化解，最终关系走向破裂。

婚姻没有成长，只是按照日常的惯性日复一日地往前走，夫妻双方就很难拥有幸福又有活力的亲密关系。

总结一下，怎样能更有建设性地吵架？

1. 不一味指责对方，而是多谈自己的感受、需求和期待。

2. 先处理好各自的情绪，再处理事情。

3. 不争对错，而是看清差异，接纳彼此的不同。

4. 学会适时地妥协，见好就收。

5. 事后复盘，一起寻找解决问题的办法。

有案例，有分析，关于伴侣之间如何更好地沟通，你学会了吗？

三观不合，也可以很幸福，关键在于……

我做婚恋咨询这么多年，常常遇到因为差异导致冲突，最后要分手或者要离婚的来访者。他们往往会说，“我们性格不合”或者“我们三观不合”，抑或是“我们不是一路人”。

现在各大情感类公众号也不停强调找对象要找“与自己三观一致”的，或者要找与自己“门当户对”的才会幸福。

中国的语言很有意思，“门当户对”是什么意思呢？“户”指单扇的门。一扇为户，两扇为门。甲骨文的“户”字，正像一扇门的形状。你家的房子大，房间多，大门很大，窗户很多，你就是“大户人家”，也就是有钱有势的人家，你是女孩，就是“大家闺秀”。反之，你则是“小户人家”，你就是“小家碧玉”。

古代结婚对象要找“门当户对”的，除了确保财富不会通过与低阶层的联姻而流失之外，人们认为结婚不是两个人的事情，而是两个家庭的事情，“门当户对”的两家人由于阶级一致（经济水平一致）而形成的价值观、生活习惯的相似度更高，更容易相处和睦，生活幸福。

是否相似度高就更容易幸福呢？我们来看看心理学上是怎么看待这个问题的。

现代心理学家更愿意用实证的研究和数据说话。他们做了调查，总结了亲密关系中的一些特殊规定，称之为关系准则：它们描述了伴侣对我们以及对与我们的亲密关系所期待的标准，一旦我们老是违背它们，伴侣就会离我们而去。这些准则包括：相似、自主、忠贞、公平等八个方面，其中相似的比重比较大。相似指的是你和伴侣应该有着类似的态度、价值观和兴趣，不要相差太大。

看起来确实如此，大家比较期待自己和伴侣的相似度高，也认为相识的人在一起会更幸福。

但是假如我爱上一个与我相似度不那么高，甚至差异很大的人，难道我们就注定无法拥有和谐幸福的亲密关系了吗？

并没有研究可以证明这一点。

事实上，现实生活中即便相似度很高的两个人也会有很多差异之处，因为生活中面临着无数的选择，我们没法让所有的选择都一样。比如同样经济条件好、消费能力高的两个人一起出去吃饭，他们可以选择人均消费500元的餐厅，但是一个喜欢吃重辣，一个喜欢吃清淡；再比如两个人去买家具，对家具的审美是一样的，都喜欢日式的家具，但是一个只想买一把凳子，另一个坚持要买两把凳子……

研究亲密关系30年，被称为“婚姻教皇”的著名心理学家约翰·戈特曼通过研究，认为婚姻冲突从“世俗的烦恼”到“家庭大战”，都可以分为两类：一类冲突是可以解决的，另一类冲突是永远存在的。

不幸的是，婚姻中绝大多数冲突都是后者，而且占很高的比例，永久性的冲突占比69%，比如妻子爱整洁，丈夫讨厌整理；妻子喜欢说话，丈夫沉默是金；妻子爱出门逛街，丈夫爱宅在家；妻子爱花钱，丈夫却很抠门；妻子是文艺青年，丈夫却是技术狂人……

但是好消息是，很多夫妻即便存在着很多分歧，他们对自己的婚姻依然感到满意。所以，夫妻之间的差异和分歧并不一定会带来问题和冲突，有分歧的夫妻依然能够拥有幸福的亲密关系。

那他们是怎么做到的呢？

1. 如何看待彼此的差异会影响他们亲密关系的和谐与幸福

幸福的夫妻看待彼此的差异和分歧是较为积极的，不幸福的夫妻则会视差异为他们冲突的根源。人们对差异和分歧的不同看法会影响他们的亲密关系。

戈特曼举了梅琳达和安迪这对夫妻的例子。

因为安迪不愿意与家人一起出去郊游，两个人经常因为这个问题起冲突。但是他们在和戈特曼谈论这个事情的时候是很平静友好地陈述发生的事情，而不是指责对方，或者发泄情绪。每次争吵结束后，安迪总会说一句：“好吧，我会去。”然后他的妻子会模仿他说话的腔调：“好吧，我会去。”然后安迪会添上一句口头禅：“好吧，当然，你说了算，亲爱的。”两个人低声轻笑。

他们并没有解决这个问题，但是他们学会了带着这个问题生活并轻松地谈论它。

戈特曼说：“面对那些无法改变的问题，幸福的夫妻学会把问题悬而不论，还能幽默地调侃它。”

而在那些关系不稳定的婚姻中，面对那些永久性的问题，夫妻双方没有能力有效解决问题，只能陷入僵局，“他们一再谈论某个问题，但是他们只是挑起了问题，却没能解决它。因为他们毫无进展，他们越发感到受伤、失望，感到被对方拒绝。”当他们争吵的次数变多，批评、攻击、指责、冷战增加，关系也变得越来越疏远。

幸福的夫妻面对无法改变的分歧会尝试接受这样一个事实：我们就是不一样。他们允许彼此的差异存在，他们虽然不认同对方，但是并不认为对方是错的，而自己是对的，也并不要求对方按照自己的方式来。如妻子看不惯丈夫天天拿着手机看新闻，但妻子既不会抢老公手机，也不会说："不许你看新闻，再看我就和你离婚。"即他们可以做到"和而不同"——和睦地相处，但不认同对方，也不要求对方和自己一样，这里面包含了平等和尊重。

而这一点很多夫妻做不到，面对彼此的差异很多人总要求对方改变，或者总希望两个人一样。而这样的要求反而带来更多的冲突与纷争，破坏了两个人的关系。

幸福的夫妻接受彼此的差异，还能从这种差异中获得乐趣。像梅琳达和安迪这对夫妻一样，他们会调侃彼此的不一样，会以一种幽默、轻松、搞笑的方式面对彼此的差异。而这样的方式不仅不会导致冲突，反而给关系带来了轻松和活力。

豆瓣广播精选中网友阿措说："我极度厌恶做家务，宁可花钱请保洁，那点时间留出来让我去躺着。我男朋友则坚决反对请保洁，认为别人打扫出来的屋子缺乏灵魂的洁净之感……所以这件事我们是这样协调的：我躺着看他以灵魂搞卫生，然后以保洁的市场价给他发钱。"

看完我忍不住转发怒赞："面对差异，这样的做法多有相处的智慧啊！"

这对小情侣不仅找到了解决差异的办法，还能用文艺的文字调侃彼此的差异，这是一种非常高级的相处之道。

幽默地对待差异会给夫妻关系带来积极影响，对此我深有体会。

我和丈夫大卫一个是急性子，一个是慢性子，我们在带孩子的过程中这一差异会被放大。

刚开始我总是嫌弃他动作慢，他给孩子换尿不湿，穿衣服，我都看不顺眼，带着火气说，“你动作怎么这么磨蹭”“你能不能快一点啊”。每当这个时候，大卫都用很幽默的方式回应我，他要么对孩子说：“你看，你破坏我们夫妻感情！”要么他对我说：“老婆，你这样不利于团队建设啊！”我反而一下子没了脾气，莞尔一笑就过去了，慢慢地不再说他动作慢。如果他说：“你快，那你做，我不做了。”估计我会更急更气，我们就会发生更大的冲突。

曾经有一个来访者和我抱怨她和丈夫之间的差异，怀疑有着巨大差异的两个人在一起不会拥有幸福。我说：“你们最大的差异是一个是男人，一个是女人，可是这个差异也是你们对彼此最大的吸引力。”

她愣了一下，瞬间就转化思维了，觉得自己可以接受两个人的差异，而不是要求两个人一样了。

我自己也没有想过这句话有这么大的作用，我能说出这句话是受一个朋友的启发，她说：“男人和女人要是一样了，多没趣，就是因为不同，相互吸引，相爱在一起，这样才有趣呢！”

两性的差异一方面会引发一些矛盾和冲突，但是另一方面差异巨大的两个人却进入了彼此的生命，这能够给双方带来崭新的体验，让我们借着彼此学习和成长，让我们成为更完整、更好的人，从而两个人的世界都变得更丰富和宽阔起来。

如果能从这个角度理解两个人的差异，我们是不是会变得更积极一些呢？

2. 学会从差异中寻找共赢的解决办法

我有个女友，每次男朋友去她家的时候，她明明不想做饭，也非要强迫自己做饭给男友吃。男友在房间打游戏、看电影时，她一个人在厨房跟锅碗瓢盆大战。想着对方正玩得开心，自己一个人却这么辛苦，她就感到不平衡，故意在厨房弄出很大的动静，炒菜的铲子掉地上了，锅盖弄得乒乓作响，可是男友却没听见，她继续一个人在厨房忙碌，于是越做饭越生气，越想越委屈。

刚开始还一直忍着，后来终于爆发了争吵，她对着男朋友大声咆哮："为什么每次我在做饭的时候，你总在玩？"她的男朋友觉得莫名其妙，因为他一直以为自己的女友很喜欢一个人在厨房做饭，不然为什么每次都要在家做饭。

通过争吵，两个人终于明白彼此对在家做饭这件事的态度完全不同。

女人希望，在家做饭时，男朋友一边帮忙洗洗菜，一边陪自己聊聊天，这样感觉很幸福，而且重要的是在家做饭吃比在外面吃更健康更便宜。

男人认为，做饭这么麻烦，两个人出去吃更方便，省下时间两个人一起看电影、玩游戏，比在一起做饭更重要。

他们内在的需求是如此不同。最后两个人找到了折中的办法：

减少在家做饭的次数，做饭的时候男朋友要负责洗菜、切菜和陪聊；去外面吃饭的时候，男人花钱不能大手大脚，女人也不许抱怨价格太贵。周末的时候两个人还可以去玩真人 CS 激光枪战游戏（一种集运动与游戏于一体，紧张刺激的高科技娱乐活动）。

后来，男人不仅学会了做饭，还做得很好吃，充满了成就感；女人也很愿意陪男人玩游戏，放松了很多。两人这就在相互学习中实现了双赢。

3. 学会如何妥协

我的一位来访者是这样处理夫妻之间的差异的：遇到分歧，先尝试找到两个人都认可的第三种共赢方案，实在找不到就学会妥协。

因为她很注重公平，所以她又和丈夫商量了妥协原则，列出彼此最不能妥协的事，剩下的事情两个人相互妥协，这一次我妥协，下一次轮到你妥协。

当然并不是每一次都能这么公平，但是他们找到了属于自己的相处之道。

当彼此的分歧无法通过其他方式实现共赢而又需要达成一致才能行动时，就需要有人妥协。亲密关系是妥协的艺术，学会妥协就是学会合作，懂得妥协和合作的人更容易拥有和谐、幸福的亲密关系。

快与慢之争现在依然还会引起我和丈夫之间的冲突，比如最近我们想把闲置的车位出租出去，我让大卫在小区 APP 里问问其他人是否要租用车位。

当我们谈论这件事之后，我希望他两三天后就把这个事情办好，可慢性子的他拖拖拉拉，三四天过去了也没有行动。面对这样的结果，我既不指责他，也不自己去做这件事，而是选择了等待，选择了妥协，接受他按照自己的步调去做事。

婚姻是一种融合，这就决定了在很多事情上，处在亲密关系中的两个人必须做出妥协。长期的夫妻相处之道想要成功，都是一种妥协的结果。你没法像一个人时那么自由，但你会收获两个人的快乐。

戈特曼在研究高情商的夫妻如何正确处理分歧的基础上，得到婚姻幸福的法则之一：解决可解决的问题（以温和开场，用妥协收场）。面对可以解决的问题，他给出了5点建议：

1. 确定你的讨论是以一种温和的方式开始，而不是以苛刻的方式。

2. 学会有效地使用感情修复的尝试。

3. 在紧张的讨论中监测你的生理变化，以便知道你被消极情绪淹没时身体发出的警告信号。

4. 学会如何妥协。

5. 变得越来越容忍对方的缺点。

没有人能满足我们所有的需要，也没有一段关系是完美的，因为生活本身就不完美，总是问题接着问题。人生也是一个不断面对问题，解决问题的过程。愿你改变可以改变的问题，接受不可改变的问题，学会带着问题向前走，收获属于自己的幸福。

注：文中提到的戈特曼博士的研究结果和建议来自《幸福的婚姻：男人与女人的长期相处之道》一书。

为什么在亲密关系中，让自己高兴很重要

1. 自己高兴时，看别人高兴才会顺眼

前几天，我给丈夫大卫放假大半天，让他和“狐朋狗友”们一起销魂快活去（熬夜看世界杯球赛）。

那天早上我们俩一起照顾孩子，中午到下午四点，我们带着孩子陪准备搬家的朋友在我们的小区看了好几套房子，结束之后都蛮累的。下午大卫离开后，我独自照顾孩子，陪她玩、给她喂饭、洗澡、讲故事、喝睡前奶、刷牙、哄睡，直到她睡着，已经是晚上十点了。

这时，我已经疲惫不堪了，憋了一肚子委屈，心里感到极度不平衡：哼，这个死鬼老公在朋友家玩，我在这里苦哈哈地带孩子，为什么我要付出这么多，为什么我就不能放假快活？凭什么你这么爽，我却要这么辛苦？

在此之前，我已经有点心理失衡了，极力控制着自己给丈夫打电话、发微信，让他赶快回来的冲动。

我为什么没有这么做呢？

因为自己明明答应了给他放假，如果这个时候打电话催促他回来，不就啪啪打脸了吗？我多没面子啊。而且我是懂婚恋心理学的

专业人士，男人和朋友在一起吹牛的时候，我打电话催他回家，男人也感到很没有面子，还会影响夫妻感情。

晚上十点，我在微信上假装淡定地问了大卫他大概什么时候回来，还嘱咐他，如果大家喝酒了，不要让朋友开车送他回来，要打车回来。

他回我，他们都没有喝酒，因为要开车。最早也要十二点之后回家，因为那个时候球赛才结束。

收到回复之后，我有点抓狂：什么？居然要十二点之后才回来，过不过分啊?！有没有考虑过自己老婆的感受啊？混蛋！接着，我转念一想：他玩得那么开心，我要做什么也让自己高兴一下呢？

于是，我给自己泡了一壶茶，切了一点水果，摆了几片饼干在餐盘里，端到书房的飘窗上，然后用手机播放轻柔的音乐。

孩子睡着了，家里很安静，我坐在飘窗上，背靠抱枕，在柔和的灯光下，一边拿着日记本写日记，一边喝茶吃东西，瞬间感觉自己妥妥地就是一个优雅的文艺女青年，瞬间就觉得很爽，一点都不怪老公在朋友家看球赛，甚至把那个死男人都抛到九霄云外了，哈哈哈！

夜晚十一点，累了一天的我，过起了自己喜欢的文艺生活，一个人喝茶、写日记、吃点心、看了几篇短篇小说，感觉疲惫感减少了大半，幸福与满足感充盈在心中。

最后，我都忘记联系老公了，上床搂着女儿，香香地睡着了。第二天我还非常高兴地问老公：“你和朋友们玩得开心吗？”

2. 懂得取悦自己的人，不会轻易让不平衡感“杀死”婚姻

在亲密关系或婚姻中，让自己高兴是件非常重要的事。

让自己高兴其实是爱自己，取悦自己。当我们懂得取悦自己时，就不会等着别人来取悦我们，也不会对他人有过高期待，进而产生失望的情绪。

让自己高兴了，我们的情绪就会比较好。心情好的时候，看伴侣才容易顺眼。我想很多人都有这样的体会：如果自己心情好，看什么都会顺眼，天是蓝的，鸟在唱歌，路上的行人都对自己微笑，丈夫即便偷懒不干活，也没有那么碍眼了。

相反，如果自己过得苦大仇深，我们很容易看伴侣不顺眼，尤其是他在放松、开心的时候，我们的内心会更加不平衡。在有了孩子之后，这种不平衡感会加剧，甚至成为“杀死”婚姻的利器。

《老友记》中有一个非常经典的桥段。

钱德勒和乔伊一起养了一只小鸡，乔伊工作回家后，说了两句话就要出去和演员朋友们喝酒。这时，一直在家的钱德勒就发火了，两个人开始吵架：

“你排练的时候，我一直在家里，好陪着我们的小鸡。”

“那是谁从半夜两点撑到五点，就为了哄它睡觉？”

“你以为我没有起来吗？”

“又来了！”

“是啊，又来了，我整天困在这里，你才回来陪了我们几秒，就又要跑出去和朋友花天酒地？这样不行，先生！”

“我需要放松一下，我忙了一整天了！”

“我照顾小鸡难道就不忙吗？”

“你有没有觉得，自打养了小鸡，我们吵架的次数越来越多了。”

这里的“小鸡”其实就是家中的小孩。有了孩子后，夫妻双方常常会因“谁更辛苦”这个话题吵架，会因为生活压力和育儿辛苦而激发矛盾。

在外工作的丈夫会觉得自己上班一整天，压力很大，很辛苦，回到家需要休息放松一下。在家照顾孩子的妻子，也会觉得自己累了一天了，期望丈夫回来可以搭把手，可是丈夫非但不帮忙，还在那边快乐地玩游戏，然后妻子就会原地爆炸，会想，凭什么你这么爽，而我这么不爽，不行，我也要让你不爽。

我一个朋友，二胎全职妈妈，就是因为这样的原因经常和丈夫吵架。而她的丈夫也觉得很委屈，自己刚加入一个创业公司，工作很忙，白天开了一天的会，晚上还要在外面应酬客户到九十点钟，好不容易回到家，躺沙发上玩两盘游戏，放松一下，可老婆就是看自己不顺眼，要找自己吵架。

又一次深夜大吵后，两个人厮打起来，把家里弄得一片狼藉，甚至还提到了离婚。最后两人和好，夫妻俩抱头大哭，不知道为什么他们的婚姻会变成这样。

这一次争吵之后，他们开始正视婚姻中的问题，下定决心改变。

他们先尝试换位思考。

一个男人，要养一大家子人，还要还房贷、车贷，负责孩子的学费，是真的不容易，很辛苦。一个女人，一天到晚面对两个年幼的孩子，大的刚上幼儿园，小的又处于一岁自主意识爆棚阶段，一拖二，每天都很累。有时候，大的哭完小的哭，一整天都是孩子的哭闹声魔音绕耳，真的很崩溃。

我的这位女友开始有意识地调整自己，她会体谅丈夫工作辛苦，减少自己和丈夫吵架的次数，也会在休息日让丈夫单独带两娃，体会一下全职妈妈的辛苦。

更重要的是，她开始刻意让自己偶尔也爽一爽：有时找老妈帮忙带娃，自己出门逛街、按摩，和朋友喝个下午茶；趁孩子睡着后，一个人点上香薰，泡泡澡，喝一杯红酒；或者孩子在家自己玩的时候，躺在娃身边敷个面膜……

当她让自己高兴之后，看老公和孩子都顺眼多了，婚姻中少了怨气和争吵，家里也多了欢声笑语。

她和我说："原来'自私'一下并没有人责怪我，老公和孩子也都没有因为我的'自私'而变得糟糕。相反，因为我过好了，我对老公和孩子更有耐心了，他们也分享到了我更多的好情绪。这样对大家反而更好。"

我说："你这不叫'自私'，你这叫爱自己，取悦自己，关怀自己。"

自爱不是自私。自私向外求，不停地向外索取，牺牲别人的利益，以满足自己。而自爱是向内求，把目光投向自己，主动斟满自己的杯子，让自己幸福快乐。

一个女人爱自己，全家会因此得到更多。一个家庭中，女人的情绪至关重要，女人心情愉快，家庭氛围就好；女人苦大仇深，委屈抱怨，家庭氛围就压抑。

3. 先让自己高兴，大家才能一起高兴

婚姻中，因为角色和分工不同，常常会有误解和错位发生，彼此无法感知对方的辛苦，脑补对方却很轻松。只看得见自己的委屈和辛苦，看不见对方的付出，内心又需要对方认可和看见自己的付出，体谅自己，结果婚姻在这样的误解和不平衡感中变得冲突和争吵不断，所有争吵都化为这一句：“我这么辛苦，你为什么就看不见?！我需要你看见我，爱我。”

懂得让自己高兴的女人，是能看见自己，并爱自己的人。

因为自己看见自己、爱自己了，对伴侣看见自己、爱自己的期待和要求会变低。因为让自己高兴了，补充了能量，才能看见对方，爱对方。这就是我们一直说的，爱自己的人才懂得更好地爱别人。当我们有能量去看见对方，爱对方时，对方也会回应我们，看见我们，爱我们。于是，正向循环转起来。彼此活在爱中，关系变得更亲密有爱了。

愿你能为自己遮风挡雨，不将婚姻视为人生的避难所

1. 婚姻无法成为人生的避难所

惠子与我同龄，老家在中部农村，大学毕业于一所普通的三四线城市的二本院校。2008 年毕业后来上海找工作，那年全球都遭遇经济危机，中国也不例外。因为职位少，毕业生多，求职竞争压力很大，惠子找了三四个月的工作，只找到一份月收入一千元的总经理助理的工作。

干了一年多，工资涨到一千五百元。这一千五百元要吃饭、要租房，还要支付手机话费、交通费，每个月结束时都所剩无几。

这一年多，她与女同事一起租住着隔断间，一个原本两室一厅的小房子被隔成六间房，隔壁房间低声讲话都能听得一清二楚，脱漆变形的复合木地板呈不规则状，厨房里橱柜的每一扇门都是破损的，八个人共用的卫生间似乎从没有干净的时候……

惠子忍受了一年多，觉得忍无可忍了，必须换地方住。她跟随中介看了几套自己能够租得起的房子之后，认识到：不是房子有问题，是自己的工资有问题。自己这点工资，想在上海租一个像样的房子实在很困难。

要想实现“住得好一点”这个目标，惠子认为有两条路可以走，

一是提高自己的挣钱能力，增加收入；二是找一个有钱的男朋友。

她先尝试第一条路，辞职换一份工作。可是因为工作经验只有一年多，而且她在这份工作中并没有学习到多少专业技能，做得更多的是一些打杂的工作，端茶倒水、复印文件、整理会议资料、通知其他人开会等。所以，她找的第二份工作，收入依然不高，只有两千二。

惠子的新工作干了半年不到，在一次同事生日饭局上她遇到了一个男生，这个男生比她大八岁，在一家公司做销售主管。饭局之后，男生要到了惠子的联系方式，开始频繁地联系惠子。

最初惠子对这个男生没有什么感觉，但是坐了几回人家的宝马车之后，就希望能够和这个男生谈恋爱，逃离自己又旧又破的出租屋，过上更舒适的生活。

两个人很顺利地谈起了恋爱。不久，男生提出同居要求时，惠子欣然同意了。同居不久，惠子便辞了工作。刚开始她还有点着急找工作，但是不用上班又有吃有住，慢慢地，她对找工作一事也提不起干劲了。

同居几个月，惠子怀孕了，那时男朋友也因为年龄大被老家的父母催婚，于是，他们顺理成章地结了婚。婚后，惠子安心在家待产，决心做一名家庭主妇。

丈夫的宝马车是公司的，他们在上海买不起房，只能租房。两个人租住着房东装修不久的一室一厅，再买一些抱枕、地毯、挂画布置一下，感觉也很温馨。

白天丈夫上班的时候，惠子自己在家看看剧，做做饭，饭后到公园散个步。等丈夫下班回来，两个人一起吃饭、聊天、逛街，一起感受孩子的胎动，惠子感觉这样的生活很幸福。

相比单身的时候，婚后惠子对自己生活的满意度提高很多。她再也不用住在又小又破的出租屋，再也不用每天辛苦挤地铁去上班，再也不用做不喜欢的工作只为领那点微薄的薪水了……

随着惠子的肚子越来越大，丈夫销售的工作比较忙，有时还要出差，为了更方便地照顾惠子，丈夫把她送回了老家。

刚开始惠子和公婆还能够和谐相处，可后来惠子生下女儿，公婆重男轻女的思想比较严重，从月子里开始，公婆对惠子再也没有了之前的关怀与照顾，取而代之的是冷淡和时不时地甩脸色。再加上两代人带孩子的方式存在很大的差异，惠子和公婆之间发生了不少摩擦。

每次惠子与婆婆发生矛盾，感到委屈时给丈夫打电话倾诉，丈夫来回总是那句话："她是我妈，你就让着她点。"听到的抱怨多了，丈夫也会生气发脾气，觉得惠子不上班，还给自己惹麻烦。

与丈夫分居两地，身处一个陌生的环境，没有亲人在身边，婆媳矛盾爆发，丈夫不理解，育儿带来身心疲惫，又没有工作和经济来源，一切都只能仰赖丈夫和婆家，惠子婚后的生活变得比初入职场那一年还要艰难，常常感到苦闷不堪。

为了得到公婆的认可，惠子很快又怀孕了，这一次是个男孩，但是生活并没有因为生了一个男孩而改变。儿子两岁不到，惠子就因为婆媳矛盾和与丈夫争吵不断而想离婚，可是自己没有经济来源，离婚后怎么养活自己和孩子呢？她的生活陷入了困境。

她说："以前害怕工作的辛苦，不想工作，也不知道自己能做什么工作，生活和工作都处在糟糕的状态中，恰好遇到一个追求自己的男人，对方提出同居，自己想都没有想就答应了。然后辞职，不久后怀孕生子，想着有孩子了可以和这个男人更稳定地在一起生活，不用自己辛苦赚钱。却不知道，结婚以后，过去不想吃的苦又加倍地回来了。现在我又回到了刚毕业找工作时的状态，希望自己能够尽早经济独立，然后有资本谈离婚。”

有不少女性像惠子一样，把婚姻当成人生的避难所，认为只要结婚，自己的命运从此就改变了，无须再面对生活中的那些艰难与压力，从此无忧无虑。殊不知婚后面临的现实并非如此。

大多数婚姻的屋檐并不如自己想的那般宽广厚实，能为自己遮风挡雨。有的婚姻能遮风，却挡不了雨；有的婚姻能遮雨，却挡不了大风；有的婚姻则更糟糕，根本无法为你遮风挡雨。有句话说，你渴望另一半为你遮风挡雨，但是很多时候你人生的风雨正来自另一半。

2. 大多数的婚姻都无法拯救一个自我缺乏力量的人

安安从小生活在压抑的家庭氛围中，父亲强势严厉，脾气暴躁，母亲常常对她指责和批评。原生家庭给她带来了很大的痛苦和创伤。

从小，她就非常渴望离开不幸的原生家庭，常常幻想着有“盖世英雄踩着七彩祥云来接我”，渴望遇到白马王子，将自己从原生家庭的牢笼中解救出来。

在大学里，她遇到了大自己一届的学长小武，当对方说喜欢自己时，她便决心要和对方在一起，觉得这是自己逃离原生家庭的一个机会。

大学一毕业，安安就结婚了，从父母家离开，组建了自己的家庭。

对她来说，婚姻是自己逃离家庭的唯一避难所，是改变自己不幸人生的一次绝好机会。

但是，婚姻的现实往往不如想象的美好。小武是从农村考学出来的，虽然做着一份收入不错的工作，但是父母已经快七十岁了，其中一方身体不好，每个月都需要花费两千元看病，家里还有一个上高中的妹妹，需要小武负担学费。

安安和小武在城里生活，背负着房贷，负担着父母和妹妹的花销，不仅如此，经常还要应对从老家过来的亲戚借钱和借宿的情况。有时候，安安的父母还会指责安安，说她没有擦亮眼睛找一个经济条件好的男人。

安安常常因为这些事情和丈夫吵架，丈夫觉得安安势利，不愿意与自己的家人来往，争吵的多了，两个人对彼此的积怨日益加深。

当安安面对婚后一地鸡毛的现实时，总觉得自己做错了选择，总在想如果自己找了一个家庭条件更好的结婚对象，生活压力和负担就不会这么重，自己就会生活得更幸福。她越是这样想，委屈与悔恨的情绪越重，让自己难受得无法呼吸。

安安与条件更好的对象在一起就一定会更幸福吗？我很怀疑。安安是一个内心缺乏力量的人，她不相信依靠自己可以挣脱原生家庭。她一方面讨厌自己的家庭，另一方面又很依赖家庭，没有发展出独立的自我，婚姻只是让她从附属于父母变为附属于丈夫。

3. 愿你成为自己的太阳，无须仰仗谁的光芒

成年人的生活没有“容易”二字，爱情也好，婚姻也罢，都无法成为人生的庇护所，让你逃避生活的风雨。大多数人生活中的一切都需要自己负责，自己承担。

惠子与安安的问题在于一开始她们就对婚姻有着不切实际的过高期待，她们带着不健康的结婚动机进入婚姻，而不健康的结婚动机容易导致婚姻的不幸。

不健康的结婚动机有哪些呢?

如没有安全感，内心自卑，想要找个人依赖，解决自己的心理问题；如反抗心理，因为父母不让自己结婚，为了反抗他们而结婚；如迫于社会和父母“男大当婚，女大当嫁”的压力而结婚。

还有像惠子与安安那样，为了逃离原有的痛苦的环境，逃离不开心的工作，逃离不幸的原生家庭而结婚，将婚姻当成人生的避难所。

她们拥有童话故事中灰姑娘式的幻想，以为找到王子，自己从此就会幸福。殊不知，灰姑娘和王子在一起后，现实的生活才真正开始。

在我们内心不成熟，缺乏力量时，常赋予婚姻神秘而巨大的力量，以为婚姻能够使我们脱离过去痛苦的日子，带来幸福和快乐。实际上，婚姻无法成为人生的庇护所，也没有人能够为另一个人的幸福生活负全部的责任。

将个人的命运和人生幸福全部寄托在婚姻，寄托在另一半身上，对伴侣，对婚姻都是过高的要求，会让其无法承受。婚姻是两个人

都带着各自的资源和价值缔结的一段亲密关系，以促进彼此的完整和更好的生活。如果一个人内心脆弱，自身缺乏力量，以一心寻找救世主的心态进入亲密关系，无论男女都无法拥有长期的幸福。

要想获得幸福的婚姻，我们要降低对婚姻的期待，自己也要拥有一定的抵御风雨的能力，有让自己幸福的能力。

一个不回避自己人生课题，靠自己努力解决问题，直面自己人生苦难的人不会指望别人来拯救自己，为自己撑起一片没有风雨只有阳光的世界。

一个女人，如果寄希望于未来，寄希望在一个男人身上，觉得如果自己遇上这样一个人，不如意的生活就会发生翻天覆地的变化，就会过上好日子，最终她一定会失望，遭遇现实无情的打击。

男人也好，女人也好，如果没有自己过好日子的能力，也就没有和别人过好日子的能力。

当一个女人具备让自己过上好日子的能力，当她选择进入婚姻，她会与另一半并肩而立，共同面对和分享生活中的风雨与阳光。

愿你成为自己的太阳，无须仰仗谁的光芒；愿你成为自己的保护伞，为自己遮风挡雨，无须将婚姻视为人生的避难所。

Part 3
亲子关系

爱我，就给我恰到好处的回应

因为心理咨询和写作的缘故，我在外面吃饭或者走路时很喜欢观察他人，尤其喜欢观察父母与孩子之间是怎样互动的，亲子关系如何。

某一天中午，我在一家小吃店吃午饭，隔壁桌坐着一对年轻的夫妻，带着他们六七岁的儿子。这对夫妻面对面坐着，儿子挨着母亲坐着。父母为自己点了面和饭，为儿子点了一碗小馄饨。男孩说他一会儿要去吃麦当劳，父母同意了，妈妈对他说，等他吃了一碗小馄饨之后，就带他去吃麦当劳。在等待上餐的时间里，父母拿着各自的手机玩，偶尔聊聊天。男孩坐在角落里东张西望，然后他忽然问父母："牛肉什么品啊？"

听了男孩的提问，我低头一看，发现面馆每一张餐桌的右下角都贴着一个小广告，上面写着四个大字——"牛肉御品"。男孩连续重复了三遍"牛肉什么品啊"，每一遍都是中等音量，隔壁桌的人都能听得清清楚楚，但是父母好像都没有听到似的，没有给他任何的回应。我当时觉察自己有一点想回应这个男孩的冲动，但怀疑自己是不是有点多管闲事。于是，我继续吃自己的牛肉面。

后来，他们的午餐上来了，男孩吃了一两个小馄饨就不吃了。接着，他的妈妈拿起汤勺喂他吃，但他闭着嘴，脑袋东摇西晃的，以示拒绝。这时，妈妈忽然生气了，她提高音量，大声呵斥："你怎么回事啊？我对你这么好，你还想要怎样啊?！”而爸爸沉默地看着孩子。其他食客同我一样，被这突如其来的呵斥声吓了一跳，纷纷望向他们，然后发现没啥事，继续低头吃饭。妈妈发了脾气之后，接着对孩子抱怨了几句，放下汤勺，转身自己吃饭，不理会孩子了。过了一会儿，她又转向孩子，拿起勺子，舀起一个小馄饨，温和地对孩子说："你要乖，要听话，小馄饨很好吃的，不信，你问问爸爸。"她舀了一个馄饨给丈夫，丈夫配合着吃掉，并说了一句："很好吃的。""你先把小馄饨吃完，不然我们不带你去吃麦当劳。"妈妈继续半哄半威胁地喂孩子吃饭，男孩又勉强吃了几个小馄饨。最后两个大人用餐完毕，就带着孩子离开了小店。

过了一周，我在一家商场的中式快餐店吃晚饭，坐在我对面的是一对母女，妈妈背着孩子的粉红色书包，女儿也是六七岁的样子。她们两个人并排坐着，前面的小碗里盛放着几个菜，有粉蒸肉、刀豆土豆、红烧茄子、红烧鱼。女儿指着粉蒸肉问："这是什么？"妈妈说："粉蒸肉，我点的。你要不要吃？粉蒸肉很好吃的。"女儿显得有些犹豫不决，妈妈夹了一块粉蒸肉自己吃完，又夹起一块问女儿："你要不要试试看？"女儿点点头，妈妈把一块肉放到女儿碗里，女儿开始吃，妈妈问："味道还可以吧？"女儿低头吃着，发出"嗯"的一声。

她们继续享用着自己的饭菜，女孩吃着饭，含糊地说了一句话。妈妈没听清，发出了疑问："嗯？"女儿又重复了一遍："这里很小。""是的，这家店很小。"妈妈回应道。看孩子吃完了粉蒸肉，妈妈问："这个粉蒸肉，你还要吃吗？"女儿摇了摇头，妈妈不再说让孩子吃肉的事，也没有再给孩子夹粉蒸肉，只是偶尔指着刀豆土豆对女儿说："这是你的最爱，多吃点。"整个过程，都是这个小女孩自己夹菜、吃饭，筷子上沾着饭粒去夹菜，或者偶尔没夹住菜，掉了一点在桌面上，她的妈妈都没有啰唆一句。

大家看完我对上述两个场景的描述，有什么感觉和想法？前者是不是给人一种心惊肉跳的感觉？后者是不是给人一种温馨自然的感觉？我觉得那个男孩好可怜，为他感到难过。我在心里有一个判断：这个男孩长大以后出现心理问题的概率会比这个女孩高很多。为什么这么说呢？因为这两位母亲回应孩子的方式是完全不同的。

我们可以看出，对男孩来说，妈妈要么不回应他，要么就是以一种情绪起伏很大，让人摸不着头脑的可怕方式回应他；而对女孩来说，妈妈给她的回应是温和精准的，是恰到好处的，没有忽略和漠视，也没有紧盯和强加。

以前，我写作很投入，男朋友和我讲话时，我会忍不住敷衍他，无论他和我讲什么，我都用"哦"来回应，他多听了几个"哦"之后，会非常生气。后来，我就调整了方式，对他说："我在写东西，给我五分钟，然后我再和你讲。"当然，我会尽力做到五分钟之后，从电脑前转身，与他对话。

我用"哦"来回应男朋友，他之所以会生气，是因为"哦"并不是一个真正意义上的回应，而且非常冷冰冰，相当于没有回应。

没有得到回应的感觉是很不好受的。我上寄宿中学时，给父母打电话，而父母不在家，没接到我的电话，如果我当时情绪状态不佳，父母不接电话就会让我很受伤很生气。这种感受我相信很多人都会有，比如有的人生病不舒服，给自己的男朋友／女朋友打电话，如果对方没有接，那么就会感觉很受伤很生气。

我们作为一个成年人，不被回应尚且如此难受，那一个小孩不被回应该是怎样的痛苦。

心理学上讲的爱，不是很多人理解的那种“我给你吃，给你穿，照顾好你一日三餐，让你不生病，能够健康地成长”，单单这样是不够的。一个刚出生的婴儿，他十分弱小，几乎完全依赖于成人的照顾。通常婴儿的主要照看者是母亲，如果在这一时期母亲能够恰到好处地满足婴儿的需要，让孩子感觉慈爱温暖，觉得自己有所依赖，不必担心母亲会离开自己，那他就会形成心理学家埃里克森所说的“基本信任感”，会感觉有安全感。

那怎样才叫“恰到好处地满足婴儿的需要”呢？“我饿了，妈妈就过来喂我；我尿湿了，妈妈马上给我换尿布；我一笑，妈妈也跟着我一起笑；我把小手伸向妈妈，去握她的手，妈妈也把她的手伸向我，来握我的手。在这个母婴共同体阶段（0~6个月），孩子的感觉是：我和妈妈是一体的，我和妈妈是一个人。”妈妈是婴儿的镜子，孩子从妈妈的眼睛里看见自己的存在，孩子被真正看见了——妈妈看见他生理、情感上的需要并且及时满足他，并带着爱的响应，孩子与妈妈就有一种情感的链接和互动，一种关系呼应与映照。“妈妈充满爱和专注地看着我，我就觉得我是存在的，并且我的存在是充满价值的，我是可爱的。”这就是客体关系理论代表人物温尼科特所提的“足够好的母亲”（good-enough mother）。

“足够好的母亲”提供一种成功的镜映，这个镜映为婴儿塑造了主观全能感和持续存在感。即妈妈给予孩子一种恰到好处的回应，这个回应让孩子感到自己是强大的，感到妈妈是喜欢他的，是愿意回应他、满足他的。但是如果这个妈妈没有回应婴儿，甚至要求这个孩子满足妈妈的需要，让孩子来适应她，迎合她，这个孩子开始会生气，最后就会变抑郁。

母婴关系中没有回应或者有许多回应不恰当带来的挫折是很多心理问题的根源。我有一个来访者，她的母亲非常自恋，常常以自己为中心，唯我独尊，不考虑孩子的感受。上小学时，她出门时跟妈妈说了近十遍："如果你在家，不要锁门，这样我下课之后就可以回家了。"但是这个母亲完全不理会女儿的话，她紧闭房门，自己在家里做饭、吃饭、洗澡，无论女儿如何敲门，如何在门外呼喊，她都没有听见，不回应，不开门。

女儿从小在母亲的不回应或者错误回应下艰难生活，长大后与人相处，总觉得他人对自己有恶意或有敌意，她的丈夫如果没有及时接她的电话，她会非常愤怒和悲伤，然后控制不住地狂打电话。她还常常觉得孤独和抑郁。

在计算机技术中，有一个"心跳机制"，什么意思呢？在网络中存在接收数据和发送数据的两方，为了确保双方链接的有效性，就需要定时发送一个自定义的结构体（心跳包或心跳帧），让对方知道自己还活着。有心跳响应，说明我们是有效链接着的，没有心跳响应，链接一定出了问题，需要检测问题、解决问题。

同理，换到与人的交往中，你发出一个信号是让对方知道你活着，如果对方给你回应，你就知道对方也活着，而且还是和你在一起的，你就会感觉很安心。

如果一个很小的孩子发出一个信号，结果没有得到他人的回应，他不仅会感到孤独，甚至会觉得自己不存在了。这个不存在的感觉是非常可怕的。对幼小的孩子来说，无回应之地就是绝境。心理咨询师武志红说："没有回应，就是黑暗；有回应，就有了光。"

做到恰到好处地回应别人，说难也难，说不难也不难。说不难是因为如果你小的时候被人恰当地回应过，比如你的妈妈或者爸爸，他们能够准确而及时地回应你的需求，你自然就能够学会恰当地回应他人的需要，对他人有同理和理解之心。说难是因为如果你小时候缺乏被镜映的体验，真实的需要没有被满足，真实的自己没有被接纳，你可能需要花很长的时间去学习如何发出自己真实的声音，如何给出恰到好处的回应。

学习如何与人沟通，就是学习如何更好地爱人。如果你爱一个人，就尝试给他恰到好处的回应。如果你在人际关系中，无法给出恰到好处的回应，或者总是给出错误的回应，先从好好认识自己开始，认识自己是改变自己的第一步。

看见，就是爱；回应，就是爱

前一段时间，苏沪地区的空气质量不好，我带女儿小巴掌在小区的一个室内游乐场玩。我们去得有些早，刚吃过午饭的时间，游乐场里只有小巴掌和另一个四五岁的男孩。这个男孩皮肤白净，穿着打扮干净时尚。

我陪着小巴掌在球池里玩。男孩在我们身边跑来跑去，大声喊叫，用力扔球池里的球，时不时地叫他的爸爸，他的爸爸则坐在场地边上的凳子上低头玩手机。

男孩一次又一次地站在高处，喊他的爸爸："爸爸，看看我，看看我。""爸爸，爸爸，陪我玩。"可是他的爸爸始终没有回应，一直低着头玩手机游戏。

男孩再一次爬上球池的护栏处喊叫："看看我，看看我。"我很认真地看着他的眼睛，对他说："阿姨看到你了，你站得很高。"之后，他安静下来，过了一会儿，又开始大声喊叫："看看我，看看我。"我又认真地看着他的眼睛，回应他："我看到了，你站得很好。"过了一会儿，他站在别处，再次喊叫："看看我，看看我，我厉害吗？"他的爸爸这时头也没抬地说："你厉害。"

这一次我带着一点欣赏的眼光凝视这个男孩，半分钟左右，男孩有些不好意思地低下了头，我对他说："我看到你了，你很厉害，站得高高的。”然后我邀请他和小巴掌一起玩：“你可以过来和妹妹一起玩。”

这个男孩安静下来，不再大喊大叫，和我们玩了一会儿。

不久，游乐场里的孩子多了起来，我看到这个男孩总是试图引起大家的注意。他会推搡其他的孩子，他想当团队的领导，让大家按照他说的方式玩耍。但是他用一种命令的方式在说话，脾气也比较急躁，没有人愿意和他玩，大家似乎都不喜欢这个男孩，不愿意与他亲近。

这个男孩看起来孤单、暴躁又无助，真让人心疼。

估计男孩的爸爸并没有注意到儿子的社交方式，因为他全程都在玩手机，头都没有抬一下。

看着游乐场的墙上贴着的那句提醒：“大人在玩手机时请记得照看好自己的小孩。”我感到很应景的同时，又感到了一丝无奈与讽刺。

作为一名心理咨询师，我猜测这个男孩和父母的关系有点问题。

他是一个在亲子关系中不被看见的孩子。所以，他才一次次地喊叫，呼唤大人：“看看我，看看我。”他躁动不安，时刻希望引起别人的注意，希望被人看见。他与同龄孩子的相处也有问题，想成为团体关注的焦点却不知如何与他人建立起互动和谐的关系。

在这个过程中，我看了他三次，第三次看他的时间有点长，但仅仅是这三次的凝视，他便能安静片刻。但是我这样的凝视是远远不够的，这个孩子需要父母更多的凝视，更多的“看见”。

看见，就是爱。

不被看见的孩子是缺爱的。

当一个孩子缺爱时，他容易不安，容易烦躁，容易愤怒，他会试图用喊叫、多动等方式引起别人的关注，这是他寻求帮助的信号，可是如果大人没有捕捉到这个信号，继续无视他，当他的努力最后都徒劳无功时，这个孩子就会感到绝望，放弃对爱的渴望和呼唤，要么变得非常愤怒，要么变得非常麻木。

观察过父母照顾婴儿的人会被这样一个场景感动到：母亲或父亲低头凝视着怀中搂抱着的婴儿，带着无限的欣赏和爱意看着他／她的脸庞，那种神情甚至可以称之为“迷恋”，仿佛他们手中的婴儿是世上最珍贵最完美的存在。即便孩子睡着了，他们都无法停止爱他／她，欣赏他／她。爱，是深深的凝视。

这在心理学上被称为“镜映”，婴儿最初是没有自我存在感的，但是在父母一次次充满爱的凝视中，在父母一次次给予的回应中，在父母欣赏和迷恋的眼神中，就像照镜子一样，让婴儿知道了自己的存在，知道自己是好的，是强大的，是被满足的，是被看见的，是被爱的。

父母成功的“镜映”会塑造孩子主观全能感和持续存在感，让孩子对自己、对他人有信心，也在这样的“镜映”和“回应”里，慢慢学会与人相处和互动。

我们现在都讲父母要给孩子“高质量的陪伴”，其实高质量的陪伴并不难做到，并不是要求父母要像孩子在婴儿期那样时时刻刻关注他／她，父母只要做到在孩子与你互动、谈话时，你看着他／她，给他／她回应，与他／她在一起，认真而不敷衍，而不是只顾自己手中的工作或者游戏，这就是一种高质量的陪伴了。

开头提到的那个男孩并不是个例，在我们周围，这样的孩子并不少。他们在物质生活上不匮乏，但是在精神和情感上却是匮乏的，他们缺少爱与被看见。

其实不仅仅是孩子，我们很多大人在关系中也缺乏这样一份关注。

中国人看起来很在意家庭，很重视关系，但关系的质量普遍不怎么高，缺有质量的回应，缺被真正地看见，缺深深的情感链接。

来访者 A，初中开始住校，晚上她给妈妈打电话，妈妈常常在和别人打麻将，接起电话第一句就是问她是不是没钱了。

有很多次，她想和妈妈多说一会儿话，可是她一个人说了两三分钟，妈妈在电话那头都没有回应。她问妈妈："你在听吗？"妈妈说："我听着呢。"然后过一会儿问她，"你还有事吗？没事我挂电话了。"

现在，这样的情况并没有减少，她每次跟妈妈聊天，妈妈都盯着电视看，一副心不在焉的样子。这让她感到受伤又生气。

来访者 B，经常向丈夫抱怨，他不陪她。丈夫要么玩电脑，要么玩手机，妻子一次次地说："你陪我说说话吧。"她的丈夫则总是背对着她，眼睛看着手机说："我在听啊，你说吧。"有时候丈夫面对妻子的请求还会很烦，"我现在不正陪着你吗？你还要我怎么陪啊？"

因为生气，B 摔烂了丈夫的两个手机。她说："我就搞不懂了，手机有这么好玩吗？我这样一个大活人败给了手机！"

原本我们家庭中的关系质量就不高，近年来手机的存在更是妨碍了亲子和夫妻之间的交流。

前天我从成都坐动车回上海，与我在同一个卧铺车厢的是一对刚在老家办完婚礼的年轻夫妻。十二个小时的车程，他们要么各玩各的手机，要么在各自的床上睡觉，两个人交流的次数和内容非常少。一次是谈论婚礼上的一个细节，两次分别是吃午饭和晚饭，谈论菜的味道，最后一次是到站下车提醒对方穿鞋子、整理行李。

两个人在吃晚饭的时候发生了一次小的冲突。他们的晚饭是一份鸡排饭和一份梅菜扣肉饭，但是两个人都喜欢吃鸡排饭。最后用“石头剪刀布”决定，女孩输了，有点不高兴，男孩因为女孩不愿赌服输，原本在一张桌子上吃饭的他跑到过道上去了，两人都是冷漠脸。

以上我举的例子，相信很多人都觉得非常熟悉。

在我们身边，无论是在亲子关系中，还是在夫妻关系中，这样冷冰冰的陪伴随处可见。

人虽然是独立的个体，但是如果处在关系中，你不懂我，我不了解你，没有分享，没有回应，彼此视而不见，心离得很远，那关系就是一种桎梏。

我有一个咨询师同行说：“在生活中，你去哪里找一个愿意全神贯注地看着你，用全部身心去倾听你说话，然后还试图给你恰当回应的人啊？只有心理咨询师能做到了，所以收点费用不是很正常吗？”

我认同他的话，但是我依然相信，高质量的陪伴在心理咨询之外依然是可以做到的。

比如，最简单的一点：你在陪伴另一半和孩子的时候可以做到少看手机。

一个朋友，有个两岁多一点的女儿，她的女儿经常会在她玩手机的时候，跑过去抢走她的手机，将其扔掉。有时候还会对她说：“妈妈看我，不要看手机。”

这位朋友告诉我：“其实父母陪伴孩子有时候很简单，只要我不看手机，陪着她玩，有时候哪怕不陪玩，我在旁边专心地看着她玩，她都会很满足很高兴。”

要想给家人高质量的陪伴，需要我们做到以下两点：

1. 观念上要扭转，心态上要重视，明白夫妻关系、亲子关系都需要用心维护和经营；

2. 学习一些沟通方式，知道该怎么倾听，该怎么回应。

高质量的陪伴需要我们一心一意地与对方在一起，用眼睛看着对方，用耳朵倾听对方的话语，用脑子思考对方表达的意思，用心去感受对方的情感，不敷衍，不预判，真心实意地和对方“在一起”。

如果你体验过这样高质量的陪伴，相信你一定能够明白这样的陪伴多么滋养一个人，并能给人坚实而温暖的力量。

因为这就是爱。

爱，就是看见，就是回应，而爱给人滋养，给人力量。

你敢比你的父母更幸福吗？

之前，“国民老公”王思聪在分答上的回答刷爆了朋友圈，其中有一个问题让我印象深刻。网友问：“作为亚洲首富的儿子，你的人生目前遇到的最大挑战是什么？”他答：“这个问题挺简单的，作为首富的儿子，最大的挑战一定是不要辜负大家的期望，能超过父亲。所以我最大的挑战就是在有生之年，超过我父亲成功的高度。”

他非常坦诚，这辈子取得超过首富父亲的成就确实是他此生最大的挑战。

我忍不住想，那作为普通人的我们，能够轻易超越我们的父母吗？比如比父母事业更成功，比父母更有钱，比父母生活得更幸福快乐。这是不是也是我们此生最大的挑战之一呢？

中国有句古话：“龙生龙，凤生凤，老鼠生子会打洞。”这句话可以有多种解释，一种是父母的特质（包括身材、长相、气质等）会遗传给孩子；另一种扩大一点的解释是，中国是个“拼爹”的时代，阶级固化严重，我们难以超越自身的阶级，寒门难出贵子。如果从心理学的角度出发，我会有第三种解释：原生家庭对一个人的影响非常巨大和深远，它塑造我们的人格、思维方式、人际关系模型，很多时候我们无法挣脱家庭的烙印，我们很难活出跟父母不一样的人生。

我想重点讨论第三种解释，我们能否超越我们的父母？如果能，又该如何做？

先讲两个小故事。

我的朋友小明，是位三十岁的男性，多年来，他的职场发展之路非常不顺。大学毕业后，他在一家私企做销售，刚开始业绩做得很好，底薪＋提成就能轻松过万。但挣了钱之后，他不知道该如何合理地花钱，不是请朋友喝酒吃饭，就是玩游戏买各种装备，或者买最新款的手机、电脑，每个月的收入都被他挥霍一空。

当公司老板准备升他做销售经理时，他却突然辞职了，理由是厌倦了销售，他想转行做其他的。接着，他找了一份外企采购的工作，这份工作刚开始他也干得很出色，但是公司里人际关系比较复杂，他的领导陷入混乱的权利斗争中，并把他当成一枚有力的棋子。对此他很不爽，再一次选择离职。

后来，他和朋友一起创业，开了一家做软件的公司，经过快一年的辛苦打拼，公司盈利了，赚了几十万。再后来，有个朋友介绍了一个项目给他，这个项目很大，问题很多，并不是他这样的小公司能够处理的，但是他还是接了下来。做了几个月，项目无法如期交付，与客户的关系也闹僵了，客户不肯给一分钱，他的公司亏损了二十几万。更糟糕的是，在这个艰难的时刻，他的合伙人带着公司的钱跑了，怎么都联系不上，他又变成了穷光蛋一个。

在一次闲聊的过程中，小明问我："我的职业发展怎么这么不顺？我怎么总是挣不到钱呢？"我很好奇，便问他："你爸爸能挣到钱吗？"他愣了一下，说："我忽然发现我和我爸爸一样。"

小明的爸爸年轻时是个泥瓦匠，先是跟着自己的师傅到各个乡镇盖房子。结婚之后开始单干，给人砌墙、盖厨房、搞装修，收入还算稳定。当家里经济条件稍好一点，他会去包工程来做，自己带几个建筑工人干活。可是不知道为什么，每次包工程他都不挣钱，除去工人的工资之后所剩无几，有的时候大老板还拖欠他工程款，甚至赖账，他不得不自己贴钱给工人，搞得家里经济很是窘迫。

再后来，小明的爸爸开始转行搞养殖业，鸡、兔子、螃蟹都养过。可是养殖业也很不稳定，经常受到天气和动物疾病的影响，比如原本一两百只鸡马上到了可以卖钱的时候，却生了一场鸡瘟，死了一大半。所以，多年来，他们家的经济状况总是时好时坏，在小明的印象中，家里的日子总是过得紧巴巴的，有钱的日子总是很少，而妈妈也总是抱怨家里穷。

小美，十二岁之前的家庭记忆总是充满了争吵和暴力。她的母亲十九岁时经媒人介绍，认识了一个大自己五岁的男人，这个男人就是小美的父亲。结婚没多久，小美的父亲开始在外拈花惹草，母亲常常为此与他争吵。父亲还喜欢喝酒，每次喝了酒之后，就会无缘无故地指责妻子，甚至动手打人，常常把妻子打得鼻青脸肿。那时，小美已经半岁，为了孩子，小美的妈妈一直默默忍受着家庭暴力，一直没有提离婚。每次父母争吵和打架时，小美都躲在角落，害怕得瑟瑟发抖。小美十二岁时，父母离婚了，她和母亲相依为命，父亲偶尔来看看她，日子过得还算平静。

高考小美考了一个很不错的分数，填志愿时，她不顾母亲的反对，选择了去离家很远的城市上学。毕业后，她找到了一份薪资高，自己又满意的工作，留在了城市里，并且和大学时的男友小宇结婚了。

婚后，小美和小宇幸福地生活了大半年，直到小美把老家的妈妈接来共同生活。妈妈老在小美面前说小宇的不好，说他不讲卫生，生活习惯不好，工作不努力，不会挣钱，不会讲话等。妈妈和小宇相处也不好，总是挑他的刺，有时小宇被说烦了，会回两句嘴，或者不理睬丈母娘，而这时妈妈又会在小美面前念叨，说小宇不尊重她，嫌弃她，不想她和他们住一起。时间久了，小美看丈夫也觉得他浑身是毛病，哪哪都不好，也觉得丈夫对自己的妈妈不够好。她平常不是对丈夫横挑鼻子竖挑眼，就是和妈妈一起抱怨小宇的种种不是。时间久了，丈夫和她的关系也越来越糟，两个人开始变得无话可说，然后慢慢地分床睡。

婚姻的不幸，影响了小美的情绪和工作，她不知道为什么原本幸福的两个人会走到如今这步田地。

小明和小美虽然有着截然不同的成长经历，但他们身上都背负着原生家庭的负面影响。

小明为什么职场发展不顺利？为什么一直挣不到钱？如果小明事业顺利，变有钱了，对他来说意味着什么呢？他的家庭长期以来一直经济窘迫，他对成为有钱人会有信心吗？如果他成了有钱人，是否会有背叛父母的嫌疑？

小美为什么婚姻不幸福，如果她的婚姻很幸福，对于她来说又意味着什么？她的母亲是一个遭受家暴伤害，婚姻不幸的单亲妈妈，如果她生活得很幸福，是否会觉得对不起母亲呢？

存在主义心理学大师欧文·亚隆是畅销书作家与学者，更是国际公认的心理治疗大师，他在个人的传记纪录片《欧文·亚隆的心灵疗愈》中提到，不管他现在多么成功，自己的作品如何畅销，他总觉得自己缺少一种成功的根基，他仍然对自己成功中的某些部分感觉虚无缥缈和不安。

他的这种感觉与他的家庭密切相关。亚隆的父母都没有接受过什么教育，是文盲，他觉得很没面子。他的父母在贫民窟开着一家杂货店，为了生存，终日忙碌着。亚隆一生努力要从贫民窟中挣扎出去。“年幼的他经常在图书馆看书，但是却没有人能够给予他引导，带领他前进。在成长过程中欧文·亚隆与母亲的关系并不是很好，他的母亲是一个很不容易亲近的人。她并不懂得去赞美别人，很少会赞成亚隆的所作所为，却又不知道他该做些什么。”

在《妈妈及生命的意义》一书中，欧文·亚隆写道：“为什么在我生命的最后还要问：‘我表现得怎么样，妈妈？’难道——这样的可能让我感到惊恐，难道我的一生都要以这名可悲的妇人为主要观众？终我一生，我都想要逃离、躲开我的过去——犹太小村庄、统舱、犹太区、犹太教徒祈祷时披的大方巾、黑色的犹太长袍和杂货店。终我一生，我都追求解放和成长。难道我既没有逃脱我的过去，亦未摆脱母亲？”

“我多么嫉妒父母亲慈爱、慷慨、和蔼的朋友。然而他们却很少想到他们的母亲，既不常打电话问候，也很少探望、梦到甚至想到她们。而我却每天都得一再地把母亲的身影从心中洗涤除尽，甚至到现在，她死后十年，还经常反射性地拿起电话想打给她。”

如果我们的父母贫穷、匮乏，我们有让自己生活富足的根基吗？

如果我们的父母婚姻不幸，我们对自己拥有幸福的婚姻有信心吗？

如果我们的父母是文盲，他们从未肯定和赞美过我们，就算后来我们取得了社会认可的成功，我们会从心里觉得自己足够好吗？

……

一个人和他的原生家庭有着千丝万缕的联系，很多时候我们无法否定原生家庭带给我们的影响。

我们很多人想超越自己的父母，想要取得比父母更高的成就，想要过得比父母更幸福，想要活出不一样的自己，但是却始终无法摆脱家庭的烙印，始终无法荡涤父母对自己的负面影响，只能重复着与父母相同的命运，最后成了与父母一模一样的人。

有很多人继承了自己父母不幸的人生，他们常常搞砸自己的事业、爱情、婚姻、人际关系……即便一时拥有了美好、成功和幸福，他们也学不会经营和珍惜，总是要经历各种各样的折腾，最终失去原本可以拥有的幸福。

这是因为他们的内在有一种“我不值得感”“我不配得感”。

有的女性交往的几任男朋友都是各方面条件不如自己的，甚至容易跟渣男纠缠不清，即便遭遇渣男的情绪虐待也不选择离开，而面对那些追求自己的优秀男性或好男人，她们会本能地逃避。她们的内心是自卑和不安的，不相信自己配得上优秀的好男人，也害怕一旦拥有这样的好男人会被其他女人抢走。

前面提到的小明，他之所以事业不顺，赚不到钱，并不是他没有挣钱的能力或者他不喜欢钱，而是他习惯于小时候拮据窘迫、不稳定的生活，这形成了他固有的思维模式，他认为自己配不上，或者不值得拥有更富足的生活，物质丰盛之后所带来的自由和快乐的感觉是他不熟悉的，而不熟悉会让他感到不安全和焦虑。

还有的人每当要获得成功，如考试通过、升职加薪、快要结婚、投资即将升值时却总是功败垂成，无论他们遇到多少好机会，最终都会错失。这是因为他们有一种“我不值得”的心态：我不值得有这么好的工作，不值得有这么好的爱人，我不值得有这么多的财富……当一个人内在自我价值感匮乏时，就算外界给予他再多的成功与幸福，他也无法把握住。

有的人没办法超越父母的生活模式，是因为他们在潜意识深处对父母有一份巨大的忠诚感。

我曾参加过一次奥南朵的工作坊，当时她在做一个个案，案主是一位男性。他的母亲一直以来都因为没钱而辛苦奔波，四处打工，常常跟他抱怨自己命苦、没钱，在大家族里被人瞧不起。他在意识层面很想多挣钱，让自己的母亲过上好日子，但是却事与愿违，他在工作上总会出现这样那样的问题，做生意常常亏钱或者被人骗。当奥南朵找了一位女性学员作为他的母亲，站在他前面，让他对着这位女性说：“妈妈，我知道你的人生很苦，但我的人生不一样，我会比你更有钱，生活更幸福。”他却难以开口，迟迟说不出来，仿佛有一团铅块堵在他的胸口，然后他泪流不止。

前面提到的小美，我曾问她：“你知道为什么你的婚姻会不幸福吗？”她答：“因为我总是挑剔我的丈夫，对他不满意。”

我问：“你为什么会对丈夫不满意呢？”她答：“受了我妈妈的影响。”

我问："为什么会受妈妈的影响？如果你和妈妈的想法不一样会怎样？"

小美微微吃惊，然后缓缓地说出这样一段话："如果我和妈妈的想法不一样，我会觉得对不起她。我妈是个婚姻不幸的女人，她被家暴，后来离婚，工作也不好，现在六十岁了还是孤身一人。我大学离她那么远时就已经觉得自己很不孝了。如果我的婚姻很幸福，对比之下，我妈妈就更加不幸了，我会感到很内疚。"

于是我问："所以，你为了让妈妈不要那么不幸，就把自己搞得和她一样不幸？"

心理医生、精神分析师曾奇峰说过："成功意味着童年时某种禁忌的满足。"让自己太舒服了，会让一个人不断地自责与内疚。他称"害怕成功"为"亢龙有悔"。成功者会有的内疚感。

如果父母是失败的，比如事业不行、婚姻不幸等，子女却获得成功，有时这个成功会让子女有内疚感，这个内疚感源于孩子对父母的忠诚。

我们在意识层面上清楚地认识到父母不好的部分，我们不认同的部分，我们想要超越父母，成为一个更好的自己。但是潜意识层面上，我们对父母有一份巨大的忠诚。每一个孩子都有一份强烈的归属的需要：当我跟父母一样，我就属于父母，父母就会接纳我，爱我。当我们比父母过得更好，比如比父母更有钱，更快乐的时候，我们的潜意识中会有一份内疚感，仿佛自己背叛了父母，自己是个非常不孝的孩子。

私以为，衡量父母与孩子关系健康与否的关键在于，孩子在多大程度上离开家，去过自己独立的生活，去活出他自己。好父母的天职是让羽翼已丰的孩子顺利离家，父母对孩子最大的爱则是接受成年孩子的背叛与抛弃。

过去不好的事，不要持续下去；过去好的经验，要把它传承下去。一个人的成长，是认识自己，摆脱家庭的阴影，解除自己思维中的限制与束缚，活出自由自在的自己的过程。

太宰治在《人间失格》中说："懦夫，连幸福都害怕，碰到棉花也会让他受伤，他甚至会被幸福所伤。"

幸福属于勇者和强者，他们的自我价值感高，驾驭得了幸福，享受得了幸福。幸福也属于拥有一颗自由之心的人，他们敢于走出自己原生家庭的固有模式，去尝试，去冒险，去体验。

超越父母，活出自己，可能是我们很多人一生最大的挑战。

问问你自己："我敢比我的父母更有钱、更成功、更幸福吗？"

你不知道那些从小就当父母的父母的孩子，活得有多累

看到这个标题很多人一定会很困惑，“当父母的父母的孩子”是什么意思呢?

这是指这些小孩在亲子关系中，当父母的父母，关心和照顾父母的身体和情绪,这个“当父母的父母”还可以扩展为当父母的伴侣。

可是爱玩毕竟是孩子的天性。当父母用各种方式索要孩子的关心，指责孩子不够关心自己，孩子只能又回来安慰妈妈，给妈妈擦眼泪，对妈妈说：“我陪着你，我陪着你。”

这就是颠倒的亲子关系，让孩子当父母的爸妈或者当父母的伴侣。

其实有很多孩子从小就处在颠倒的亲子关系中。

有的父母动不动就对孩子说：“你看我工作这么辛苦，这么累，你怎么不懂得体贴一下爸妈。”孩子从小就没法当孩子，而是要去体贴和照顾父母，比如不敢出去玩，而是在父母身边帮忙做家务，分担父母的工作。

有的父母生养了好几个孩子，在经济上和精力上又无力照顾，就让大孩子当小孩子的小父母，于是这个大孩子的童年基本就被剥夺了，一直在照顾弟弟和妹妹。有的大姐或者大哥还要早早辍学，早早参加工作，承担起养家的责任。或者父母一方有身体或者情绪

上的疾病，导致有的孩子从小就要承担起照顾生病父母的责任，成了父母的父母。

我不是说孩子不应该分担家务，或者照顾生病的父母，而是他们有权利做孩子，需要在童年时期嬉戏玩闹。他们在足够大的时候可以分担一些家务，承担一部分家庭责任，但不是以牺牲整个童年生活为代价。

还有的父母会不停地向孩子倾诉自己生活上的苦恼，情绪上的痛苦，如工作上的问题、夫妻关系的问题等，让孩子承受父母的烦恼和问题，让孩子为自己排忧解难。

有的家庭中爸爸出轨，妈妈经常对未成年的孩子哭诉自己多么受伤，自己过得多么悲惨和难过，丈夫和外面的女人如何联合起来伤害自己。孩子自己也承担着学业的压力，还要帮助父母处理家庭问题，往往陷入身心俱疲中。处理夫妻矛盾明明是父母自己的责任，父母却让孩子卷入其中，这只会让孩子受伤。

有的父母感情长期不和，常常发生矛盾冲突。每次争吵，父母都会在孩子面前说另一半的坏话，哭诉自己的委屈，试图让孩子评理，站在自己这一边。而孩子总是花很多的时间倾听父母，努力安抚，试图修复父母的关系，但经常无效，还被父母的负面情绪困住，无法摆脱。

有的家庭有婆媳矛盾，男人逃避不处理，女人拉着年幼的小孩诉苦，告诉孩子恶婆婆如何伤害自己。孩子一边安慰、支持妈妈，一边内心仇恨奶奶。

还有的家庭，因为男人常年忙于工作或者长期外遇不回家，女人很孤独寂寞，女人将孩子当成自己的情感寄托，什么事情都让孩子分担，什么情绪都和孩子倾诉。

还有一类家庭叫作“爸妈不高兴了”。父母会对孩子进行各种的道德绑架，动不动就对孩子发脾气，或者流露伤心、委屈等不高兴的情绪，给孩子制造愧疚感，以此绑架孩子，孩子则常常需要放弃自己的需要哄父母高兴。比如，十岁的孩子去小伙伴家玩，没有在家陪父母，父母就不高兴，觉得孩子抛弃了自己。或者孩子在学业上做了一个不符合父母心意的选择，父母就伤心难过了。

我有一个朋友，因为高考填志愿填了自己喜欢的汉语言文学专业，她的父母就一直在她面前哭，还不吃饭，她怎么哄都没有用，直到她把志愿改成父母喜欢的经济学，父母才消停。

在这样的亲子关系中，父母成了任意妄为、无理取闹、随心所欲、爱发脾气的“小孩”，而孩子则成了照顾父母生活和情绪、满足父母愿望、自制力强大、不断自我牺牲的“父母”。

在这种颠倒的亲子关系中，孩子活得身心俱疲。

首先，他们的童年很沉重，他们被剥夺了作为一个孩子应得的快乐。

其次，他们成年后，在关系中会过度承担，背负过多责任。比如，要求自己为别人的感受负责，当别人感到受伤时会第一时间去安抚对方。

再次，他们还会有很多其他的问题，比如习惯性讨好他人、难以表达自己的需要等。因为从小就取悦父母，长大后，他们也善于取悦别人。他们还总是习惯性地把自己的需求放在一边，先去满足他人的需要。表达自己的需要对他们而言变成很困难的事，他们容易觉得自己的需要是不重要的，而别人的需要比自己的需要更重要。

最后，那种因为过度承担造成的内心的无力感、愧疚感、疲惫感会一直伴随和折磨着他们。

在心理上，孩子都是爱父母的，他们天然地乐于帮助父母，愿意分担父母的苦恼，但是他们毕竟是孩子，自身能力也不足以解决父母的这些现实或者情感问题，他们只会被父母的问题所折磨。

苏珊·福沃德在《原生家庭》中写了七类给孩子带来很大伤害的父母："天下无不是的父母""不称职的父母""操控型父母""酗酒型父母""身体虐待型父母""言语虐待型父母""性虐待型父母"。

其中颠倒的亲子关系属于"不称职的父母"，她谈到这类颠倒的亲子关系对于孩子的伤害："对于身陷角色颠倒的混乱之中的孩子来说，无力感如影随形。他们无法发挥大人的作用，因为他们原本就不是大人。但是孩子不明白自己为什么会失败，他们会单纯地以为是自己做得不够好，并因此感到愧疚。"

"他们所背负的强烈的负罪感和责任感会一路跟随他们步入成年阶段。他们常常受困于这样的恶性循环：起初一力承担起所有的责任，接着不可避免地感到力不从心，之后因为无法胜任而产生负罪感，继而加倍努力地试图挽回局势。这是一个足以耗尽心力的恶性循环，引发的后果必然是与日俱增的失败感。"

在亲子角色颠倒的混乱中长大的孩子，内在时常被深深的无力感、生命的无法掌控感所纠缠，且无法摆脱，内心很痛苦，而这些都是不成熟不负责任的父母造成的。

日本作家伊坂幸太郎说过："一想到为人父母居然不用经过考试，就觉得真是太可怕了。"

在家庭中，父母是孩子的保护伞，是孩子的榜样，父母对孩子的影响巨大而深远，为人父母需要承担很多的责任和义务。苏珊·福沃德在《原生家庭》中写到父母要承担以下的责任：

“他们必须满足孩子物质上的需要。

他们必须保护孩子，使其免受身体上的伤害。

他们必须保护孩子，使其免受感情上的伤害。

他们必须满足孩子对爱、关怀以及更深层次的情感的需要。

他们必须在道德伦理方面给予孩子正确的引导。”

在颠倒型的亲子关系中，很多父母都做不到这几点要求。他们也许经历了极度缺爱的童年，所以他们的内心还是一个渴爱的孩子。有了孩子后，他们无法向孩子付出爱，而是向孩子索取爱，他们甚至要求子女照顾自己，满足自己的需要，而本该被他们照顾的孩子，只好被迫成为自己的父母，以及父母的父母。

在一个正常的亲子关系中，每一个人都有自己的家庭角色和应尽的职责，父母就是父母，孩子就是孩子。在孩子小的时候，父母要照顾孩子，孩子会对父母有所依赖，视其为自己的安全基地，父母在照顾孩子的过程中变得更有力量和责任感。但颠倒的亲子关系，父母无法承担为人父母的责任，让孩子也没法好好做孩子，这造成了两败俱伤。

最近有一个亲戚问我：“两岁的女儿乖巧懂事吗？”

我答：“我不需要她乖巧懂事。”

他听了非常讶异。

是的，我不需要我两岁的孩子乖巧懂事，因为她只是个两岁的孩子。两岁的孩子就该有两岁孩子的样子，她会对很多事情好奇，她活泼好动，终日游戏玩耍，偶尔任性，不被满足就会大哭，需要父母的陪伴和关注……

我认为成功的父母只是做到了这一点：在孩子小的时候，把他当作孩子。等他长大了，就把他当作大人。

如果你不幸处在颠倒的亲子关系中，你要做的是先让自己幸福：从原生家庭中独立出来，确立好自己与家人相处的界限，认清什么是自己的事，什么是父母的事，该承担的承担，该坚定拒绝的坚定拒绝，不要再把父母的事情和情绪背负在自己身上。

在人际关系中，学习以健康的方式和他人建立联结，不自卑不讨好，建立清晰的人际边界，重建稳定独立的自我认同，同时学会照顾自己内在那个受伤的小孩。别忘了给自己一些时间像孩子一样玩耍，然后努力先让自己幸福起来！

因为我们每一个人都只能且必须对自己的人生负责。

人要离开父母与伴侣连合，二人成为一体

临近春节时，我接到的几个咨询个案情况很相似，都是同居情侣或刚结婚的小夫妻因为过年回谁家意见不统一而发生了矛盾冲突，又因两个人没法好好解决问题，进而影响了两个人的亲密关系。

我在网上一搜，发现了大量类似的新闻，有一则新闻标题是："谈不拢春节回谁家过年，小夫妻竟然闹离婚。""丈夫小方是四川人，妻子小林是江西人，工作第一年，除夕到初二在妻子家过，初二当天又飞回四川，一出机场，看见两鬓斑白的父母，小方很难过。他是独子，长这么大，第一次没陪父母过除夕。七天时间又奔波又串门，小方感觉年过得比上班还累，仅机票就花去九千多元。这次春节后，两人商议，一年回男方家过年，一年回女方家过年。第二年，小林跟小方回了男方家。之后四年，因为工作，小方都没回家。去年，小方终于有假了，正好表哥喜得贵子，他提议过年回四川看看。小林不乐意了，四年前也是回四川，好不容易一起回家过年，她的父母盼了好久。小方看小林态度坚决，提议抓阄，小林答应了。可等小方折好十个纸团，小林抽了几张就反悔了。她抓起所有纸团扔进垃圾筒，大喊着：'回江西，抓阄不算。'小方觉得妻子无理取闹，摔门进了卧室。小林越想越生气，写了一份离婚协议书。第二天，两人就办了离婚。"

过年回谁家？男方家？女方家？这个问题自带辩论感，近年来每到春节都会被提出来讨论一番，似乎可以进行无止境的激烈辩论，也似乎永远没有答案。网友们还总结出“80 后”小夫妻回家的四种解决方案：1. 奔波型：两边跑，三十婆家初二娘家。2. 轮流型：一年一家，幸福轮流享。3. 分离型：各回各家，各找各妈。4. 合一型：娘家婆家，大家一起过年。我写这篇文章，不是想提出解决问题的方案，而是从心理学的角度思考为什么会出现这样的问题。

有人会说，因为双方是独生子女，才会有这样的问题，如果双方家庭都有两三个孩子，就不会存在这样的问题。在我看来，这只是一个外在的因素，因为并不是所有的独生子女家庭都会出现这样的问题。我认为，根本原因在于中国人的婚恋价值观是：重亲子而轻亲密。

很多夫妻之所以在春节回谁家这个问题上争执不休，是因为他们没有搞清楚一点：自己已经是结婚的人了，自己与另一半的关系才是最重要的。在很多人的认知观念里，我和我的父母是一家人，你和你的父母是一家人，于是过年回谁家这个问题就变成了“是我和我的父母重要，还是你和你的父母重要”，无形中变成了两个家庭之间的竞争和较量。这对夫妻不是和谐统一的，而是对立分裂的，当矛盾激发到白热化之后，原本应该是一体的夫妻就变成了你死我活的状态，就算不走向离婚，情感遭受重创那也是必然的结果。

如果夫妻二人能够明白“我们”的关系是最重要的，无论做怎样的选择都把“我们”的关系放在第一位，就不容易出现对立分裂的局面。可惜他们的“我们”不是指“我和我的另一半”，而是“我和我的父母”。

过年回谁家的矛盾其实只是“重亲子而轻亲密”这一传统家庭价值观诸多外显的表现之一，“重亲子而轻亲密”会导致一系列严重的家庭问题，最典型的就是婆媳矛盾。

一个女人如果生了儿子，因为过分看重亲子关系而轻视亲密关系，她会将儿子当成自己的最爱，把自己和儿子捆绑在一起，在儿子身上寄托太多的情感。当儿子长大后娶了媳妇，她还会紧抓儿子不放，觉得儿媳妇是和自己争夺儿子的第三者。她因为害怕失去儿子的爱，而在生活中敌视儿媳，刁难儿媳，而儿子也因为和妈妈过分亲密，亲子关系过于黏连，当老妈和老婆有矛盾的时候，他会站在老妈这一边。长此以往，这个妻子要么指责婆婆和丈夫，心中充满了怨气，要么疏远和丈夫的关系，将情感寄托在自己的孩子身上。没有孩子，又不怕离婚的女人可能因为婆媳矛盾而选择离婚。于是，这样的家庭问题就代代相传。

在传统的中国家庭，亲子关系是核心，夫妻关系是配角。在这种模式下，无论是独生子女家庭，还是多子女家庭，家庭关系总会有很多的问题。

我有个亲戚，他的老婆与他结婚十几年了，却始终认为自己与爸妈是一家，没把老公和婆家的人当成一家人。她老公在国外辛苦工作好几年，挣了一百多万，回国后发现家里连两万块都拿不出，因为媳妇全拿去给自己的父母和哥哥们花光了。他有个十岁的儿子，因为自己长期在国外，父子间缺乏情感交流，两人无法好好相处，加上妻子溺爱，欠缺管教，孩子非常顽劣。最后，他在一次痛哭流涕后，下定决心和妻子离了婚。

一个同学的朋友一怀孕就回了娘家，生下孩子之后也住在娘家。她始终觉得自己和父母，还有自己的孩子才是一家人，而丈夫是个外人。这个丈夫，每个星期回丈母娘家看一看孩子就自己回家，或者回自己的父母家。妻子长期抱怨丈夫不关心孩子，不关心自己，可是丈夫觉得妻子根本就不重视自己，只看重孩子和自己的父母。夫妻二人就这样生活了好几年，原来自由恋爱，情感亲密的两个人越来越疏远，交流的话题除了孩子再无其他。

在咨询中，我遇到一些女性，她们和男朋友或者丈夫吵架了，就把吵架的经过事无巨细地告诉自己父母，希望父母为自己主持公道，结果父母插手两个人的关系，将男方大骂一顿。这样的事情发生几次之后，问题叠加，负面情绪不断累积，父母与自己的另一半便有了很多的罅隙和矛盾，最终破坏了这对年轻人的亲密关系。

我还遇到过一个奇葩的案例：一对夫妻结婚了，但两个人都不想和自己的父母分开，两人也没有独立生活的能力，不会自己洗衣、做饭。两个人每天下班后还是与婚前一样，各回各家，各找各妈。在父母家吃饱了晚饭，装好第二天中午要吃的便当，看电视、玩电脑到十点之后才各自开车回到夫妻二人的家。这对夫妻，以及双方的父母都觉得这样的状态是没有问题的。因为孩子害怕离开父母，父母也害怕离开孩子，彼此依赖共生。

以上的这些案例都说明了很多中国家庭过分看重亲子关系，而忽略了夫妻关系。心理学上讲这是俄狄浦斯情结，即恋母情结。西方人并不是没有俄狄浦斯情结，但我们中国人的俄狄浦斯情结更为严重。

为什么西方人没有我们中国有这么严重的俄狄浦斯情结呢？因为他们的家庭价值观很多来源于《圣经》。《圣经》认为世界上最亲密的关系就是夫妻关系，《圣经·创世纪》中有这样一句话：因此，人要离开父母与妻子连合，二人成为一体。今天的我们离开父母，是为了跟伴侣融为一体。

这里的离开父母不是单指身体上的远离，或者物理距离上的远离，而是割断心理上、情感上的“脐带”。但是我们中国人很难做到，我们认为天底下最亲密的关系不是夫妻关系，而是亲子关系，就是所谓的“血浓于水”“父母至上”“老婆可以再找，老妈只有一个”等。但是现实是，如果我们不愿意离开父母，不把我们的伴侣看成是最重要的人，我们的婚姻很容易出现这样那样的问题。

我前面举的那些婚姻不幸或者亲密关系出问题的例子，正是因为这些年轻人在心理上没有与自己的父母分离，虽然已经是成年人了，却认为父母是跟自己过一辈子的人。同样，中国的很多父母也没有完成在心理上与自己孩子分离的功课，他们认为孩子是跟自己过一辈子的人，要紧抓孩子不放手。

于是，我们中国的家庭关系复杂又无界限，像和稀泥般搅在一块。家庭成员不懂夫妻关系重于亲子关系、新家庭重于原生家庭的道理，喜欢插手彼此的婚恋，父母对孩子谈恋爱说三道四，孩子对父母搞对象也指手画脚，结果大家都没法把自己的日子过好。

据相关的数据统计，上海这几年“80后”离婚案以每年10%

的速度递增，其他地方的离婚案中“80后”所占比重最大。“80后”离婚案的突出特点在于父母插手子女婚姻，从恋爱、结婚、买房、装修、生子……“80后”父母都参与其中。

孩子不独立，父母不放手，该离开的不离开，该连合的不连合，家庭悲剧就会不断上演。

父母与孩子都应做到一种有情感连接的独立——彼此独立但又饱含亲情。做孩子的要独立自主，遇到问题不要老想着依赖父母去解决；做父母的也要独立，要给孩子自由，不要插手孩子的生活，也不要要求他花很多时间围绕在你身边，陪伴你的是你自己的伴侣而不是孩子。

台湾作家胡因梦说，世间所有的爱都是为了在一起，只有父母与孩子的爱是为了分离。纪伯伦说，你们是弓，你们的孩子是从弦上发出的生命的箭矢。作为孩子，我们要学习独立，完成与父母分离的成长功课；作为父母，我们要学会放手，完成从孩子生命中得体退出的功课。

每一个进入婚姻的男女都应该明白，你是先属于自己的小家庭，再属于你与父母组成的那个大家庭。夫妻关系重于亲子关系，这不是自私，不是不孝，而是爱的传承。你以后的孩子长大结婚了，你也要做到这一点。他与伴侣的关系于他而言更为重要，你不应该是你的孩子的最爱，你的孩子也不应该是你的最爱，你和你的孩子的最爱都应该是你们的亲密伴侣！

我不想和妈妈一样，但是我还是和妈妈一样

狭小而潮湿的卫生间里，在家工作了一上午有些疲惫的编辑小A正将床单丢进洗衣机中清洗，除了床单，她还要清洗她和丈夫的脏衣服。“哐”的一声，几块用得还剩下一半的香皂、肥皂全掉在了地上，是小A在倒洗衣液的过程中，不小心弄翻了放在洗脸池上的香皂盒子。小A在心中咒骂一声，弯腰一一捡起地上的肥皂和香皂。这时，她看到洗衣机的排出管漏水了，一股灼热的怒意瞬间从小A的心中升腾起来。她骂了一句“妈的”，将手中的香皂盒狠狠地摔向地面，塑料盒子的碎片和香皂、肥皂掉了一地。怒火在她的心中继续燃烧，她看到丈夫的脏内裤和衣服，特别想找一把剪刀将它们剪得稀巴烂。

她在心中对丈夫咆哮：“你眼睛瞎了吗？难道都没看到我们的洗衣机坏了吗？衣服放了几天，为什么你就不能去洗？你眼中为什么没有家务活？你眼睛瞎了吗？你个神经病！你个神经病！”可是，才过去仅仅几秒钟，她所有的愤怒都转化为悲伤，她彻底崩溃了，坐在马桶盖上号啕大哭。因为就在刚才，她忽然意识到这些都是妈妈对爸爸说的话。

让小A崩溃的不是生活琐事带来的挫折感，而是自己与妈妈一样咆哮着那些刺耳的话语。妈妈二十年来一直在抱怨父亲不帮忙

干家务，家中常常充斥着她的骂声，那一句句“你眼瞎了吗”“你个神经病”一直让小 A 很难受。妈妈越是抱怨，父亲越是躲懒，两个人常为家务事吵得不可开交。为了让妈妈少一点抱怨，也为了家中的安宁和谐，年少的小 A 总帮母亲做家务活。她曾在心中暗暗发誓：我以后绝对不能像妈妈一样。

大学毕业后，小 A 成了一名编辑，经过几年的职场打拼，她成了一名在家工作的资深自由编辑，月入过万。她觉得自己与身为家庭主妇的妈妈是不一样的，自己接受了高等教育，有自己的职业，但是今天她发现自己还是和妈妈一样。

“我不想和妈妈一样，但是我还是和妈妈一样。这实在太让我崩溃了，仿佛我做的一切都失去了价值和意义。”小 A 对我如是说。

最近我读了家庭治疗大师萨尔瓦多·米纽庆的《家庭与夫妻治疗：案例与分析》一书，发现书中的许多案例都呈现了“我不想和妈妈一样，但是我还是和妈妈一样”的模式。其中有个案例令我印象深刻。家庭中的三代女性前来咨询，原因是十五岁的外孙女 Kamisha 怀孕了，当地精神卫生处让米纽庆为这个家庭提供服务。怀孕七个月的 Kamisha 重演了她母亲和她外祖母在青少年时期就怀孕的历史。她的外祖母在十六岁就结婚怀孕了，十七岁时她怀了第二个小孩，并靠社会福利生活。而 Kamisha 的妈妈则在十五岁时怀孕生下了她。十五岁的少女 Kamisha 肯定不想像妈妈和外婆一样早孕，但她还是和妈妈、外婆一样。这个家族中女性的命运似乎在强迫性地重复着。

我有一位女性咨询者，她的母亲离过两次婚，因此，她对自己的婚姻幸福一直抱着怀疑的态度。在三十多岁时，迫于外界的压力，她闪婚了，但是因双方性格不合，又缺乏感情基础，婚姻生活让她很不快乐。她一直想离婚，但又不敢离婚，因为她不想成为一个和妈妈一样离过婚的女人。她的母亲、她的其他女性亲人也都不希望她走她母亲的老路。于是，她在这段不幸的婚姻中痛苦挣扎。最后，她忍受不下去了，还是和母亲一样，选择了离婚。

Kamisha 的妈妈 Sheila 对怀孕的女儿说："你是我的生命。十五年之后，我仍然在挣扎，试图要把握住事物。你选择坚持下去，但真的很难获得成功。""我非常在乎你，真的很在乎。我只是不想看到过去发生在我身上的事，也发生在你身上。"

电影《喜福会》里的母亲说："我成长在中国，从小被教导要无欲无求，忍受他人的侮蔑，吞忍一切苦楚，即使我以另一种方式教育女儿，她仍不脱自怜自哀。"

妈妈对女儿有更高的期待，不希望女儿遭遇与自己相同的不幸，但似乎女儿还是会和妈妈一样。我们在生活中看到很多类似的例子。有的母亲拥有强烈的控制欲，控制着丈夫和女儿。女儿长大了，也成了一个有强烈控制欲的人，控制着自己的丈夫和孩子。

我遇到过一个控制欲很强的单身女性，她曾对我说："我不想像妈妈那样控制别人，但是我发现我还是和妈妈一样。"

有的母亲在自己的夫妻关系中有一种很强烈的优越感，常常喜欢抬高自己，贬低丈夫，觉得丈夫无能懦弱。女儿长大了，无意识中也带着优越感，也成了一个喜欢贬低丈夫的妻子。

有的母亲长期默默忍受着丈夫的家庭暴力，女儿长大了，不知道为什么也找了一个会打她、不尊重她的丈夫。

有的母亲重男轻女，女儿长大了，成了一个自卑的女人，同样重男轻女，一心想生儿子，在自己与丈夫的关系中总是无法做到平等，心甘情愿地扮演着没有家庭地位的卑微妻子……

家庭的不幸就这样一代又一代重复下去，新一代的女性与自己的妈妈一样走着同样的道路，欢笑着同样的欢笑，痛苦着同样的痛苦，真是令人不胜唏嘘。

为什么我们（女儿）会和妈妈一样？

因为我们在家庭中出生和成长，必然会受到来自家庭的影响。妈妈十月怀胎才生下孩子，孩子天然与妈妈亲近，对妈妈有很深的依恋。心理学的研究显示，对孩子人格影响最大的是母亲，父亲多半是这个影响的背景因素。母亲如果有很多心理创伤，没有得到修复的话，便会以各种方式传递给后代。在这一点上，母亲对孩子的影响是不分性别的。我曾听过不少男性提到母亲对他们人格的影响，“我不太有安全感，常常为小事担忧，这是受了我母亲的影响。”“我习惯逃避冲突，跟我妈妈一样。”“我一直以来都觉得很悲伤，因为我母亲是个很忧郁的人。”

写到这里，也许有人认为，我是在黑母亲，其实不然，我在强调母亲的重要性。母亲的受教育程度、母亲的身心健康，都深深地影响着孩子的成长。所以，我们更应该关注母亲的幸福与快乐。

我承认并赞美母爱的伟大，但是如果一个母亲自身有很多心理问题，恐怕会给孩子带来很多的负面影响。

女儿和妈妈一样，这其中还涉及性别认同的问题。孩子在三到六岁时，开始出现性别分化，在这个时期男孩要解决跟父亲认同的问题，女孩要解决跟母亲认同的问题。对于女儿来说，妈妈是和自己一样性别的人，女孩在成长过程中自然会以妈妈为榜样，学习母亲，接受母亲对自己的影响，让自己成为像母亲那样的人。

为什么我不想和妈妈一样，但是我还是和妈妈一样呢？除了家庭的影响和塑造没有那么容易改变外，还有一个原因就是女儿对妈妈的忠诚。我们在意识层面上清楚认识到母亲不好的部分、我们无法认同的部分，我们想要超越母亲，成为一个更好的自己。但是潜意识层面上，我们对母亲有一份巨大的忠诚。而意识只占我们大脑的 5%，我们被 95% 的潜意识主宰着。

所以就算你说，我不喜欢我妈妈，不想像妈妈一样，但是你还是会像妈妈一样。每一个孩子都有一份强烈的归属的需要，当我像妈妈一样，我就属于妈妈，妈妈就会接纳我，爱我。当我们过得比妈妈更好，比如比妈妈更有钱、更快乐的时候，我们的潜意识中会有一份内疚感，仿佛背叛了养育自己的妈妈。

还有，外部环境也在影响着女性的成长。中国社会如何对待和评价女性，影响着中国未来女儿们的生长姿态。

2014 年春节那则外婆逼婚的广告令人印象深刻。高学历的外孙女愧疚地表示“今年一定要结婚，就算是为了外婆”，然后毅然决然走进某相亲网站的实体店。

2014 年年底热播的电视剧《武媚娘传奇》，将武媚娘塑造成一个“我本是烂漫纯良的小女孩，身不由己被卷入宫廷斗争，最后被逼才变得狠毒起来，我真的不想当女皇”的形象。在二十集的时候，武媚娘对观天象的李淳风说：“什么荣华富贵，什么江山社稷，这些见鬼的东西我才不稀罕……除了权利之外，你们就不渴望一丝丝别的情吗？比起那些权利更值得珍惜的东西，一想到它就会流泪，在黑夜里因为得不到它而彻夜难眠。你知道吗？对于一个女人而言，什么才是天道？”

在七十几集的时候，武则天抱着病弱的老公李治表白自己为何参政的原因，她说：“若是我只甘心做一个以色示人的宠妃，或者是太子的母亲，我跟陛下之间，也许，终有色衰情尽的那一日，说不定哪一天就会被年轻貌美的女子取代在陛下心中的位置……所以，我不仅要做你的皇后，你的知己，还要为你出谋划策，跟你并肩作战，要成为你手中那把最锋利的剑，让你这一辈子都舍不得放下我。”

我的天啊，这都是什么价值观！剧中大量的台词根本没有女皇范儿，只有女奴范儿，似乎这部剧意在教育女人“对于女人来说，男人就是天道，爱情就是天道，女人做的一切都是为了男人”。

2015 年春节期间，我在电视上看到一则公益广告，这个广告似乎已经播了好几年了，广告语是这样的：“等你考上大学，妈妈就享福了！等你毕业工作了，妈妈就享福了！等你结完婚，有了孩子，妈妈就享福了！”

更别提那些多年来一直持续存在着的“干得好不如嫁得好”“嫁人是第二次投胎”“生完孩子这辈子就到头了”的论调了。

所有的这一切都说明，本质上，当代女性依然没有脱离对男性、对权力的依附，社会将女性对于男性的依附作为其存在的最高人生价值。女性的价值依然在于做男人的情人、妻子，或者母亲，“婚姻和家庭”依然是社会衡量女性价值的主要标准，它与传统的“未嫁从父，既嫁从夫，夫死从子”本质上是一样的。

在这样的环境下，当妈妈遭受着不平等的对待，活得自卑痛苦，没法活出自我价值感时，女儿们想要变得跟妈妈不一样，是很困难的。

写了这么多，其实是想让人们看到，无论你是男还是女，想让你的女儿，以及女儿的女儿快乐，活得比她们的妈妈、外婆幸福和快乐，除了让女儿接受高等教育，变得独立自强外，去争取男女两性平等的地位也是非常重要的，给她们创造一个公平有爱的外部环境是我们这一辈人可以留给女儿的宝藏。

如果你是一位女性，也许已经做了母亲，也许还没有做母亲，想要让你的孩子心理健康，尤其是想让你的女儿快乐幸福，除了要努力去争取男女两性平等的地位，最重要的是让现在的你自己快乐幸福起来，学会独立自主，不断成长和修炼，多为自己而活，在这个世界上确立自己的价值。母亲的快乐幸福是给女儿最好的礼物，母亲活出自己人生的精彩和价值是女儿最好的学习榜样。

如果你是一位男性，也许已经做了父亲，也许还没有做父亲，想要让你的孩子心理健康、快乐幸福，除了要努力去争取男女两性平等的地位，还可以学习下 Facebook 的 COO（首席运营官）谢丽尔的丈夫戴夫·戈德伯格，尊重、爱护和支持你的伴侣，鼓励她去发展自己的能力，成就自己的梦想。同时，你可以平等地分担家务，多花一点时间照顾孩子，这样不但你的孩子会变得幸福快乐，你的妻子说不定能够成为下一个谢丽尔，带来亿万财富。

父母不能，孩子也不能成为你糟糕人生的借口

最近看了一部比较治愈的日本电影《我被爸爸绑架了》。

女主角小春是个小学生，一年一度的暑假来了，同学们都欢天喜地地规划自己美好的假期生活，小春却并不开心。因为两个月前妈妈和吊儿郎当的废材爸爸大吵一架，夫妻处于分居冷战、准备离婚的状态。

妈妈白天要上班，所以小春和正在谈恋爱的小姨一起生活，但多数时候还是小春一个人打发无聊漫长的时光。然后发生了一件大事：爸爸绑架了自己。

已经很久不见的窝囊老爸突然出现，半开玩笑半认真地宣称要绑架女儿，随后两个人踏上了起伏跌宕的绑架之旅。

不过，这个爸爸也真是够废材的。

两人没钱，为了省下酒店钱，冒雨去找免费的寺庙住，可里面的老奶奶爱讲鬼故事，吓得人要尿裤子。

但这一路也有非常多的美好。

两人半夜不睡觉，一起仰面躺在“像果冻一样柔软”的温暖海水里，边漂浮边聊天，然后一起放声大笑；

在恐怖寺庙里看到了一群亮闪闪的萤火虫在夜色中舞动，唯美浪漫极了；

小春报警，将绑匪老爸送进了警察局，老爸出来后并没有说她什么，却遗憾没有吃到警察局的猪排饭；

为了借钱，还见了爸爸的前女友和她的爱人，这个朋友家里养了很多有名有姓的猫咪……

在小春的心中，她对这个废材老爸充满了鄙视和嫌弃，但经过这次绑架之旅后，两个人增进了沟通和理解，彼此的感情也变深厚了。

当离别来临时，想着这个暑假的种种美好，小春十分不舍，她希望用自己的压岁钱和这个没用的老爸一起逃跑，但被老爸坚定地拒绝了，于是她带着气愤，发了一通埋怨：

我一定会变成糟糕的大人，被你这种任性的爸爸拖着到处跑，又得不到周全的照顾，到昨天为止，美好的愿景还在眼前，现在却被突然夺走，得知一切都在今天结束。

要是遇到这种事，我真的会成为糟糕的大人，你们只顾自己开心，随随便便把我带着跑，都是你和妈妈的错，都是你们的错。

面对女儿的埋怨，废材老爹沉默了。当地铁到站后，他们一起走到站台上，他严肃地对女儿说：

我，我就是糟糕的大人。但并没有谁，让我变成这样，我不认为这是别人的错，这是我自己的错。

你说得没错，我是很任性，但就算我再任性，再不负责任，再一无是处，也不是你变成糟糕大人的理由，要怪就怪你自己。

我不喜欢你这种想法，让人讨厌，也很丢脸，我不是想逃避责任，但如果以后你一有不顺心的事，就把原因推到其他事物上，是很可悲的事情。

即使天不遂人愿，有时也只能接受，即使再难过，有些事也不得不去接受。

我常常会收到读者来信，很多人会在信中抱怨父母在自己童年时对自己如何不好，比如从来没有表扬过自己、缺乏教育的意识、经常骂自己、忽略自己的需要等，自己现在找不到工作，没有谈恋爱，生活不开心皆是父母造成的。

是的，我们必须承认原生家庭对一个人的影响非常深远，它往往能够塑造我们的人格、人际关系模型、处理态度等，但是一个人如果只是一味地抱怨父母，其实是在为自己不愿意长大找借口。

今年开始，我收到的来信中，开始有人跟我抱怨孩子是自己痛苦人生的根源。因为孩子，自己与社会脱节；因为孩子，自己经济状况很糟；因为孩子，自己整日压力重重……

来访者 C 与我预约咨询，她大学毕业不久就与大学时代的恋人结婚了，婚后很快有了孩子，然后便辞职在家，成了一名家庭主妇。孩子现在快六岁了，公婆和父母身体不好，没法帮她带孩子，她的老公经常要加班或者出差，在带孩子上也不够给力，所以孩子都是她自己一手带大的，辛苦可想而知。

她在咨询过程中不停跟我抱怨，因为生了这个孩子，自己需要在家全职带孩子，自己的生活是多么的辛苦。

因为生孩子，她开始发胖，身材走样。带孩子的这六年以来，她皮肤变差，皱纹增加，衰老了多少，不像年轻时候那么好看了；

因为生了孩子，记忆力越来越差，很多书都看不进去，即便看了也记不住；

因为要带孩子，她没法出去工作，现在也不知道自己能做什么，完全和社会时代脱节了，出去找工作，恐怕也很难找到满意的工作；

因为要带孩子，感觉越来越没有自由支配的时间，和以前的朋友往来越来越少，整个人生都被孩子拖累了；

因为要带孩子，没有经济收入，每个月伸手向老公要钱花，老公对自己越来越不尊重，公婆也对自己嫌七嫌八，有诸多不满……

用她自己的话说，她现在的人生这么糟糕，都是因为当初太早生了孩子。她说："如果没有孩子，我现在一定过得更好，不会这么痛苦，事业上也能取得很不错的成绩。"

一名女性因为生养孩子，确实在人生和职业发展上会遇到阻碍，生养孩子也确实是一件艰辛不易的工作，但是如果一味怪孩子拖累了自己的人生，认为自己现在糟糕痛苦的生活都是孩子害的，那就很不负责了。

共情她独自带孩子的不易之后，我问她："有了孩子，经济压力确实大，你老公一个人的收入应付全家开支也比较紧张。现在孩子已经六岁了，他三四岁时就上了幼儿园，你是有时间出来工作的，为什么继续留在家里呢？"

她说："我有想过出去找工作，但是这么多年没有工作了，我害怕自己找不到工作，也适应不了职场激烈的竞争，所以就一直没有找。"

“所以，并不是孩子让你没法出去工作？”

“是的……”

一个人的人生很糟糕，怪别人总是容易得多，而我们可以责怪的对象，往往就是身边亲近的人。怪父母、怪孩子、怪伴侣让自己变成现在这样一团糟，这真的很容易，但这条容易的路却一点都走不通，越走只会让自己的人生更加糟糕，最终只剩死路一条。

如果你不想为自己的人生负责，总会有很多的借口：小时候父母对我很坏，导致现在的我一事无成；养育孩子毁了我的职业发展；差劲的伴侣毁了我的整个人生……

这世上没有完美的父母，放下对完美父母的期待和执着，不要让自己成为“受害者”，一直躺在“受害者”的舒适温床上。怨恨父母一辈子，浪费的是你改变自己的宝贵时间和机会。父母以前对待你的方式你无法改变，但是你可以改变自己。当你成年后，通过努力，摆脱父母施加给你的负面影响，活得轻松、自由且美好时，你反而不会去责怪父母了。

也不要责怪孩子，你为孩子付出的辛苦都是应该的，因为你是孩子的父母，你选择生下他，就要对他负责。生孩子是为了你自己，不要利用自己本应该的付出去制造孩子对父母的愧疚感，那对孩子是一种很大的伤害和不负责任。

有时，责怪父母，责怪孩子，只是你为自身懒惰和无力改变自己找的借口。

但父母不能，孩子也不能，成为你糟糕人生的借口。一个人若想成长，首先要意识到自己是个成年人，能够且必须为自己的人生负责。

庆幸的是，你有足够的时间重塑你自己，改变你自己。

一个独立的人，需要学会完全承担起自己人生的全部责任，对自己负责，把自己整理好，让自己幸福和快乐。

你的生命属于自己，你可以决定它到底会变成什么样子。你可以有自己的选择和努力，最终成就你想要的自己。

为什么你竭力供养着全家人，他们却把你当奴隶

之前因为被太多朋友推荐过《欢乐颂》，那时在家休养生息的我便追了二十多集，感觉剧中最引人唏嘘的是樊胜美的痛苦生活。

樊胜美在老家的哥哥工作时打伤了人，还被拘留了。哥哥嫂嫂的关系不好，嫂子工作不稳定，也没钱，遇到这事躲回了娘家。被打的人住进医院，跟医院和医生都有关系，开药方便，要他们家每天出一千元的医药费，不给就派人天天跑到她父母家讨债，搬东西，打人，不让家人有好日子过。

嫂子和父母每天轮番给樊胜美打求助电话，催着要钱，他们张口闭口都是："你在大上海，工作好，挣钱多，万儿八千的总有，不像我们没钱没能力。"然后又使出苦肉计，"我们全家就你一个人有出息，不靠你靠谁，遇到这样的事情只能求你了。小美啊，你一定要想想办法，我们是实在没办法，他们是你哥哥嫂嫂，我们是你父母，你还有一个侄儿，我们都是一家人，你总不能见死不救吧！"他们还天天催着樊胜美向朋友和同事借钱，唉，这样的家人真是祸害啊！

樊胜美的日子一点也不好过，刚发了工资，要交三个月的房租，给父母两千多块的生活费，存款便所剩无几。为了得到一张两千块的购物卡，她和自己讨厌的男人喝酒喝到醉，半夜蹲在小区的路边

哭。第二天醒来，卖了卡，换来一千八百多块补贴家里。

可是这有什么用呢？她的家庭就是一个无底洞，她再努力挣钱也填补不了。之前我一直想不明白，樊胜美好歹是外企资深员工，工作多年，收入不低，这么多年来怎么就一分钱存款都没有呢？后来才知道，父母每个月的生活费是她在支付，哥哥的工作是她找的，哥哥房子的首付款是她给的，哥哥的孩子是她帮忙养的，连孩子上学的学费也是她出的，而她那个哥哥还隔三岔五地闹个事，也是她在出钱解决。她怎么可能存下钱呢？

外人都觉得她光鲜时尚，面容姣好，风光体面，可是她真实的生活是怎样的呢？她供养着一大家人，自己住着合租房里最便宜的单间，父母给她打电话的内容永远都是“你帮帮你哥哥吧”“我们需要钱啊”，父母从不关心她，也不在意她内心的感受，心里只有自己的儿子，而爱面子的她也没法开口跟好室友兼好朋友的关关和小邱吐露内心的隐痛，徒留自己在深夜里抱着伤痛和孤独哭得撕心裂肺。

为什么樊胜美供养着全家人，可全家人非但不感激她，不在乎她，还对她摆出一副你就是应该付出的丑恶嘴脸？原因有以下几点。

1. 重男轻女的家庭关系

《欢乐颂》中，遇到债主上门要钱，妈妈再次打来电话，在电话里惊恐万分，樊胜美在电话这头哭喊崩溃。面对被人逼债的可怜母亲，樊胜美无力地哭喊着“有我在，一定给钱”，再次答应继续为哥哥筹钱。之后，她努力平复好自己的情绪走出房间，却因为室友的贴心和照顾而感动落泪。她对小邱说：“从小到大都没有人这么关心过我。”

一个人，当没有人关心她时，她可以像一只巨兽一样坚强地独自面对一切伤痛。但是，当有人给她一点温暖和关怀时，她就无法再坚强起来了，她看到了自己的脆弱，看到自己同样需要被爱被温暖。樊胜美的感动里有一个很大的悲哀：室友对自己尚且如此关心，与自己血脉相连的家人却对自己如此残酷和冷血。

因关关和小邱给予的温暖，樊胜美开始吐露一点自己的心事。她说，好羡慕关关和小邱是独生子女，可以独享父母全部的爱。她还说，以后有孩子，就要一个，不管男孩女孩，都会把全心全意的爱给他。她自嘲就是一卷卫生纸，永远在帮哥哥擦屁股。

樊胜美的父母是中国非常传统和典型的重男轻女型父母，把儿子当宝贝，把女儿当草芥。他们从小宠溺儿子，忽视女儿。结果被溺爱的儿子越长大越无能，不学无术，没有能力养活自己就算了，还成了家里的祸害，三天两头给家里惹麻烦。而被忽视的女儿从小靠自己，长大后远走他乡，努力打拼，变得独立自强，混得比哥哥弟弟们不知道强了多少。

因为儿子无能，父母帮扶他，结果却使儿子更加无能甚至无赖。因为女儿能干，父母便忽视她，不仅如此，还要剥削女儿，让女儿也一起来补贴和帮扶哥哥或者弟弟，给儿子找工作、找对象、买房，帮儿子养家糊口，使得这个女儿完全没有自己的人生，成了全家人盘剥和奴役的对象。

在重男轻女的家庭里，父母始终重视的是男孩，他们没有把女孩当成与男孩一样重要平等的个体来看待，所以无论这个女孩怎么为家庭付出，父母都不会对她的付出有丝毫感激之情。在这类父母的心里，这些付出就是这个女儿应当应分的事，是女儿的命，而女儿的命就是来供养全家的，尤其是家中的男孩。

我在心理咨询中遇到过一种情况，当这个女儿决定停止供养父母和哥哥或者弟弟时，他们就一起跑来指责她不孝、不要脸、无情无义。可是，到底是谁无情无义，是谁不要脸呢？

人性的恶在于，作为一个不被重视的女儿，当你越付出的时候，他们越把你的付出视为理所当然，越把你当成满足自己欲望的工具。你的付出不仅换不来家人对你的感恩和亲情，还喂养大了他们的自私和贪婪。

重男轻女的家庭模式对整个家庭的伤害是巨大的。对男孩的重视，看起来男孩获得了父母更多的爱，其实是被父母控制和剥夺了自我成长的能量，变得没有生命力。对女孩的轻视则会造成女性内在的恐惧不安、低自我价值感、自卑无力，容易一生都活在这个阴影中……重男轻女导致男孩女孩都无法做自己，活出自己。

2. 缺乏独立的人格和清晰的自我界限

樊胜美看起来是一名独立能干又爱自己的现代女性，她的独立宣言一套套的，被很多网友视为金句。

面对邱莹莹和白渣男分手，她说："好姑娘就得拿得起放得下，视男人如衣裳，像他那种男人就是地摊货。"关于工作，她说："我们这些外地女孩子，工作才是唯一的依靠。绝对不可以在没出息的男人身上冒险。"关于爱自己，她说："搞得我坚持自己的需求就是个错误一样，可是一个人如果连自己都不爱，还怎么去爱别人呀，我不相信有什么无私的爱，人的本质不应该是利己主义吗？”

看起来，她情商颇高，对很多事情看得透彻，其实她只是色厉内荏、外表独立，内心虚弱又纠结、处在传统和现代的夹缝中不知该如何选择，也不清楚自己到底要什么的传统弱女子。

她虽接受了大学高等教育，也接受了女性独立思想的熏陶，但是她本质上还是一个非常传统的女性。她拜金、过分在意自己的年龄、想要依靠男人、看不起没钱又喜欢自己的相亲对象。她把独立挂在嘴边，却一心想嫁给有钱人，希望恋爱对象能在上海为自己买房买车，不想与之一起奋斗、供房贷。她吐槽与自己相亲的男人：“还说什么精英，其实就是一小公务员，要求还挺多，厚着脸皮跟我说，可不可以跟我一起按揭买房啊，脑子坏掉了。”

面对正努力创业的老同学王柏川用心的追求，她一方面心动不已，一方面又觉得对方只是一个小老板，开着租来的车子，没法给自己优越的物质生活。所以，她只好一边继续和对方约会，收着他送的高昂礼物，一边又不给对方进一步发展的准信，连安迪都觉得她不负责任。

她似乎很懂得何为关系中的界限，告知年轻的姑娘：“亲人之间还得有个界限呢，更何况是朋友。”可实际上，她自己与家庭紧紧地绑在一起，三十年来，也没有从家庭中独立出来。她没有确立好自己与家人相处的界限，家里一有什么事情就要找她去救火，她也不敢拒绝，或者难以做到拒绝。面对自己的原生家庭，她的态度是：“人都得认命，尤其是女人。”她很无力地说：“一个人的家庭就是一个人的宿命，改变不了。”

真是如此吗？一个人的家庭难道就决定了一个人一生的命运吗？

如果樊胜美拥有像安迪一样独立的人格，能够早一些从原生家庭中独立出来，有勇气有狠心地斩断他们对她的寄生与剥削，不再与父母和哥哥有那么紧密的关系，面对他们提出的不合理要求，她能够确立好自己的界限，该帮忙的帮忙，该坚定拒绝的坚定拒绝。同时，她不再那么虚荣，不再依赖和期待男人给自己房和车，而是靠自己努力工作挣钱，或者嫁给一个与自己情投意合的男人，两个人一起在上海安家，过上幸福而较宽裕的生活。

当她拥有独立自主的人格、清晰稳定的自我界限时，她再量力而行地帮父母或哥哥的忙，他们反而会感激她。兴许她的哥哥也能在这种情况下，让自己成长，变得更加独立。

我们每一个人与家人的关系都是彼此互动和强化出来的，我们每一个人都要为自己不健康的家庭关系承担自己的那部分责任。

3. 虚荣和爱面子掩盖了自己真实的处境，无法让家人理解自己

樊胜美是个非常热心的人，朋友有难她都仗义帮忙，为了邱莹莹，她砸了白渣男的出租屋，为了安迪被诬蔑为小三的事，她焦虑不安，赤膊上阵。但是，当自己有困难的时候，爱面子的她始终无法开口向朋友求助。家里发生这么大的事情，她也绝口不提。同在22楼的姐妹们既不知道她的家庭环境，也不知道她正遭遇困难，需要经济和情感上的支持。

曲筱绡说樊胜美“装”，一是因为她爱慕虚荣，喜欢追求名牌，喜欢与有钱人交往；二是她始终戴着面具生活，隐藏自己内心真实

的想法，爱面子，自尊心强，不愿意在人前展现自己脆弱或者不光鲜的一面，无论发生什么，外表都是一副洒脱优雅的公主样子。可是，作为普通人的你我在生活中总会遇到不顺心的事情，总会有火烧眉毛的时候，没有谁能一直戴着面具，一直洒脱优雅。

樊胜美为了面子，在王柏川面前装自己买了房，我推测她同样会为了面子和自尊，在家人面前装有钱人，并且逼迫和委屈自己满足家人不合理的期待和要求。她的虚荣和爱面子掩盖了自己真实的处境，父母和兄嫂一直以为她在上海混得很好，是个有钱人，所以每次家人遇到麻烦或者缺钱的事总找她，结果这反而成了她自己生活中的大麻烦。

樊胜美的家人无法真正理解她，这跟樊爱面子，打肿脸充胖子不无关系。

如果她早告诉父母自己在上海生活艰难，每个月要辛苦工作，要付房租、通信费、水电煤等费用，她的生活并没有他们想象得那么光鲜亮丽；如果她早一些让父母明白，她这个女儿是没法给他们经济帮助和生活依靠的；如果她不是那么爱面子，能够时不时地跟父母抱怨自己生活的艰难和不易……也许她的父母和哥哥就不会有事没事找她要钱了。

樊胜美和邱莹莹是《欢乐颂》中我最喜欢的两个角色，因为她们非常立体和饱满，被塑造得真实可爱，就像我们身边的朋友们、闺蜜们。而对樊胜美我除了喜欢，还有一份心疼、同情和期待。

像樊胜美这样的女孩在我们生活中有很多，我在心理咨询中也遇到不少，她们有颜值有工作能力，在大城市里努力打拼，但却一直过得窘迫痛苦，三十多岁了没对象，没钱，身心都在水深火热之中。原因是她们活在重男轻女的阴影中，一直在供养着自己的家人，父母的生活费、医药费是她在付，弟弟妹妹的学费是她在付，连弟弟或哥哥结婚的婚房、彩礼钱也都是她出……这些已经算是很可悲了，但更可悲的是全家没有人对她们的付出感恩，没有人把她们当人看，家人只把她们当成满足自己需求的工具。

更更可悲的是，很多“樊胜美”们一边辛苦养家，一边还为自己成为全家人的顶梁柱而自豪骄傲，甘之如饴。她们认命了，没有自我的觉醒，没有独立的心智，也不愿意跳出这个死循环，也许她们一生都会是现代版的奴隶，无法为自己而活。

希望生活中的“樊胜美”们能看清楚自己真正想要的是什么，有勇气和能力从痛苦的重男轻女原生家庭中解脱出来，过自己真实而自由的人生。

真爱一个人，是如其所是，而非如我所愿

女儿小巴掌一岁了，最近处在两个小觉并一个小觉的阶段，所以白天的小觉有点混乱，有的时候清醒三个小时就要睡一觉，有的时候清醒六个小时也不肯睡。你想哄睡，和她说“宝宝要睡觉了”，她会“哼哼啊啊”表示不高兴，如果你把她抱进卧室，她会一边朝着门的方向挣扎，一边喊叫，表达她对睡觉的抗拒。这个时候我通常会放弃哄睡，继续陪她玩耍，直到她有睡意也愿意去睡的时候，我再哄她睡觉。

这样看起来，我在育儿这件事上已经比较放松了，愿意跟随孩子的节奏，但是在过去很长一段时间，我并不是这样的。那时我喜欢控制，喜欢一切按照自己所希望、所期待、所想要的方式发展。

有很长一段时间，我焦虑于孩子的体重问题。在出生后 42 天检查的时候，相比出生时的体重，小巴掌只长了两斤半。看到别人家的小孩大多长了四五斤，尽管儿保医生检查的结果是“营养状况良好”，但我还是感觉焦虑，尤其后来连续几个月体检时医生都说孩子体重偏轻，要让她多吃一点，还给她开了一些促进肠胃消化和吸收的口服液，我就更加焦虑了。

我隔三岔五地给小巴掌称体重，并用手机记录数据，喂母乳总担心她没吃饱，还要给她加奶粉。可是有的时候吃了奶粉后，她就

不怎么好好吃母乳了，我也很沮丧。

我总是希望小巴掌多吃一点，体重能够多增加一些。她从两个月开始，生长曲线就一直在 15% 徘徊，而我总希望她最好能达到 50%，再不济也要 25%。虽然知道生长曲线 15% 是非常正常的体重，但我依然很焦虑，经常和丈夫大卫念叨着孩子体重轻怎么办啊，他说我有点为此着魔了。

直到遇到了一对母子，我才发生了改变，变得对孩子的体重问题不再那么焦虑了。

那个时候小巴掌四个多月大，我们去儿童医院检查她的髋关节，顺便再去儿保看看。在儿保科候诊时，我们遇到了一对母子。孩子快六个月了，生长曲线不断下降，从原来的 25% 下降到 3% 以下，孩子的妈妈很焦虑，说孩子厌奶，要么不吃奶，要么吃一会儿就不吃了。

我一聊才知道，这位妈妈一直在强迫孩子吃奶。

最开始，医生告知妈妈，她的孩子体重偏轻，妈妈很焦虑，就希望孩子多吃一点。当孩子吃了三四分钟，不想再吃时，妈妈就会按住他的头，强迫他吃奶，然后孩子就会哇哇大哭。

越是强迫，孩子越是抗拒。这样的次数多了，孩子开始厌奶，除非非常饥饿的情况下才会吃点。

我当时和她聊了很多，作为一名心理咨询师，同时也是作为一名妈妈，我对她说："我家宝宝体重也轻，我理解你希望孩子体重增加的心理，但是每个孩子都是不一样的，你不是说他爸爸也是体型瘦瘦的吗？可能孩子遗传了他爸爸的体型，你不要因为焦虑而强迫他吃奶。"

接着我又说："孩子虽然只有五六个月，但是他也有自己的意愿和想法，我们一定要尊重他，他如果不想吃，你就不要喂了。你越是强迫他，越会伤害他的感情，伤害你们的亲子关系，到时他更加不愿意吃奶了。"

我从来没有强迫过小巴掌吃奶，她把头转开表示拒绝时，我会询问和鼓励她，如果她不愿意，我也就算了。但是在这个妈妈身上，我看到了自己，只是我没有她那么极端，但是我们一样的地方是：都想控制孩子，都想孩子按照自己的方式来，都以为这样做是为了孩子好，都没有真正地"看见"孩子。

表面看来，我们是希望孩子体重增长，身体健康，其实是害怕孩子没达到那个婴儿生长发育的标准，害怕和别的孩子相比，自己的孩子瘦小，害怕医生的评价，归根到底是害怕自己不是一个把孩子养得胖胖的好妈妈。

希望孩子体重达到什么标准其实是我们自己的需要，而不是孩子自然而真实的发展，我们被一些数据、指标等评判标准遮挡了双眼，被自己的焦虑和恐惧所控制，而没有看到孩子是真实而生动的存在。

我们以为自己爱孩子，其实只是在控制孩子。

育儿即育己，在养育孩子的过程中，我们需要不断完善和修正自己。

这个事情之后，我对小巴掌的体重问题不再那么焦虑了。我也会常常检视自己：我对她的爱里面有没有强加自己的期待和意志？有没有打着所谓的"爱她""为她好"的旗号，对她进行控制？我希望她如何时，是我自己的需要，还是她的需要？

作为一名心理咨询师，我看到很多关系中的问题都是由缺乏尊重、缺乏界限、以爱之名行控制之实造成的。

我的微信公众号后台，有个叫晓紫的姑娘发消息给我，说自己今年二十五岁，现在还不想结婚，想要一个人生活，不去附庸，不去依靠，就只是自由、平和地过日子。但是，父母觉得她到了该谈婚论嫁的年纪，表面上说不会逼迫她，但是总在不自觉的情况下，说她不懂事、任性，还说人到了一定的年龄就该做对应的事情，说女孩子就是应该以家庭为重。

她和父母无法沟通，总是因为结婚这件事产生分歧和矛盾。她最后说："我知道他们为我好，可是真的不想承受。"

还有一个姑娘苏苏，在一个小县城的银行当柜员，因为实在不喜欢每个月只拿着三千块，每天像机器人一样重复着枯燥的工作，就辞职了。因为对日语感兴趣，她想学习日语，梦想做一名日剧的翻译。

她的父母非常反对她辞职，认为她的梦想不切实际。父母还托朋友给苏苏找了一份代课老师的工作，希望她先代课，然后再考编制，这样以后工作也会很稳定。

苏苏拒绝了这个安排，她的父母很生气，每天都在家里数落她，说她不应该辞掉银行这么稳定的工作，说她是瞎折腾，说她以后一定会后悔的。还说他们这么说这么做都是为了她好，是爱她才会这么做，并质问她为什么要伤父母的心，要去做一件错误的事。

晓紫和苏苏的父母都以为自己的行为是为了孩子好，是爱孩子，其实是以爱之名，行控制之实。

为什么一个女孩要二十五岁就结婚？为什么要做一份稳定的工作？为什么会觉得一个女孩子二十五岁结婚是一个更好更正确的选择，一个人有稳定的工作是更好更正确的选择？

对于她们的父母而言，“女孩应该结婚，女孩要以家庭为重”或者“一个人喜不喜欢自己的工作不重要，工作稳定才是最重要的”，这是他们认同的价值观和生活方式，但这并不是孩子认同的价值观和生活方式。

人与人之间价值观和生活方式不同是正常的，也是没有问题的，但是如果将自己的价值观和生活方式强加在别人身上就成了控制，就会引发问题。

我们每一个人都希望作为自己人生的主体而存在，都不甘心沦为客体；我们每一个人都希望按照自己的意愿生活，而不是像提线木偶般被他人掌控。所以当有人干涉我们的自由选择时，我们就会感觉愤怒与痛苦，哪怕这个人是自己最亲近的父母。

再往深处想，晓紫和苏苏的父母其实是将自己内心的焦虑和恐惧投射到了孩子的身上。

对于他们这代人来说，如果一个女孩不结婚，后果会很可怕。因为他们经历过很难找工作，收入不稳定且生活艰难的痛苦，也经历过外部环境动荡不安的时代，因此他们追求稳定，认为生存比发展、比兴趣爱好重要，所以稳定的工作对他们来说意义重大。

很多时候，父母对子女说“我这么做是为了你好”，其实是执着于自己固有的观念。如果我们真心实意为了一个人好，爱一个人，就应该放下控制，站在对方的角度，看见他的需要，尊重他的需要，理解他的需要，做能够满足他需要的事。

美国人本主义心理学家罗杰斯说过，爱是深深的理解与接纳。

唯有不强加自我的意志，放下自己的逻辑，站在对方的角度看问题，理解才能达成。接纳一个人是尊重对方，是接受对方真实的样子，而不是自己头脑中建构出来的形象，也不是自己希望或者期待的那个样子。

真爱一个人，是如其所是，而非如我所愿。

Part 4
人生感悟

你的人生被别人的评价限制住了吗？

女儿小巴掌在还差一周到七个月时学会了匍匐前进，没多久她就从四厘米高的爬行垫上爬到地板上了，有时候重心不稳，她会摔跤，磕到脑袋，我担心地板脏，担心她会再次磕到自己，就拿了一块地毯铺在她的爬行垫旁边，她就可以爬到地毯上玩了。

这样过了没几天，我决定每天擦地板，就把地毯取走了，铺在别的地方。结果她想从爬行垫上爬到地板上时，将自己的身体定格在爬行垫的边缘，既不向前，也不后退，然后生气地喊叫。

我鼓励她："宝宝，你爬下来啊！没关系的，你可以爬到地板上。"我鼓励了半天，一点效果也没有。大卫说："你看，就是你铺地毯，把她给限制住了。"

我忽然想起之前看过的一则绘本故事，日本画家龟冈亚希子的《小橡树》。书中讲了一棵小橡树第一次结橡果，它邀请一只松鼠品尝它的果实。松鼠吃了之后，丢下一句"啊，呸，呸，好涩好难吃"就跑掉了，小橡树很伤心，越想越难过，它的橡果就越发难吃，还纷纷掉落。其实，它的橡果之所以苦涩是因为它们还没有成熟，可是它并不知道这一点。

后来，森林里的其他动物都知道了这件事，它们编了顺口溜嘲笑小橡树："小橡树，结果子，又涩又硬真难吃；煮着吃，烤着吃，怎么做都不好吃。”受到其他动物嘲笑的小橡树觉得自己很孤独，它非常地伤心，从此再也结不出果实了。

小巴掌被我的保护措施给限制住了，小橡树被其他动物的嘲笑声给限制住了，你呢？你被什么限制住了？

在我的咨询中，最常见的限制之一就是孩子被父母的评价限制住了。

来访者 A，小时候因为家庭条件不好，营养不够，经常感冒生病，身高也比同龄人矮，运动能力较差。他父母总说他身体不好，个子矮，运动不行。随着经济条件的改善和青春期的发育，A 的个子长到了一米七八，因为积极参加学校的体育活动，他的运动技能也提升很多，无论踢足球还是打篮球，抑或是跳高跳远，他都能取得很好的成绩。

现在三十岁的 A 每天为健身烦恼，甚至到了神经质的地步。他总是给自己安排很多的健身计划，没有完成就会非常痛苦，可是这些健身目标往往是不切实际的，或者需要像专业人士那样找一个教练，每天不上班，坚持练习几个小时才能达到。而他工作又很忙，根本无法完成健身目标，可他对健身又极端在意，于是每天强迫着，纠结着，痛苦着。

我问 A：“你为什么要健身？”

他答：“我身体不好，想要一个健康的身体，健康的身体是一切的基础。”

我又问：“你身体怎么不好？”

他答：“我从小身体不好，经常生病。”

我问：“那你现在身体怎么样？你上一次生病是什么时候？生

了什么病呢？”

他想了半天，答不上来，因为他已经很久没有生过病了，哪怕只是感冒都没有。

后来，我又问：“除了健身，你觉得还有什么方式可以让你的身体更健康？”于是我们谈到了按时作息、规律饮食、结交朋友、保持心情愉快等。

A 为什么会对健身有强迫行为？因为他曾长期被父母“你身体弱，身体不好”这样的评价洗脑，他一直活在小时候的认知和情绪中，为自己的身体不好而感到自卑、羞耻，却没有意识到自己的身体素质相比小时候已经改善了很多。他其实不用那么努力地健身，而且他也没有意识到想拥有好身体，不单单只有健身这一条路。

看起来 A 的故事是不是有些荒诞？其实我们很多人都被父母的评价所限制，让自己活在一种固定僵化的思维中。

来访者 B，是一位在职业发展上很迷茫很焦虑的女士。她大学毕业后工作了十年，事业上一直原地踏步，多年来都想提升自己，却一直困难重重，因为每次她想要学习一样新的东西或者接受一个新的工作挑战时，脑子里总有声音对她说：“你这么笨，学不会的。”“你这么没用，这个都不懂。”因为有这样的声音干扰，她没法专注地学习，愈加觉得学得很吃力，很多书看了一遍也不懂其意思，再加上生活上其他琐事的影响，她根本没法静心学习，于是更加认定自己就是笨，就是很没有用，什么东西都学不进去。

其实，我们任何一个人学习一样新的东西都会有一个磕磕绊绊的过程，没有人能从一开始就做好。很多成功的人，或者对自己有信心的人，能够忍受自己在这个起始阶段的笨拙，他们不会打击自己，还会鼓励自己。而那些缺乏自信的人则会打击自己，认为自己笨、没有用、不行，于是更加没有动力做事情，最后无法忍受自己的笨拙，放弃了尝试和努力。

B 为什么会认定自己笨、没有用呢？因为从小她的父母总在她做不好事情的时候打击她。她家里条件不好，六七岁就要帮忙做家事，洗衣做饭打扫卫生，做不好时，如饭烧煳了、打碎了开水壶等，就被父母又打又骂。爸妈总是骂她“笨死了”，骂她“没用，这点事都做不好”。每次挨骂后，她都很害怕，不敢为自己申辩，带着这份害怕做事，她更加做不好，然后换来父母更加严厉的责骂。于是，她认定自己就是一个很没有用的人。

B 没有意识到自己之所以做不好事情，是受到恐惧、害怕等情绪影响。一个人做事情时如果总是提心吊胆，多半是做不好的。B 也没有意识到父母对她的责骂和评价是不合理的。她那么小，做事能力有限，做不好事情很正常，并不代表她很笨，而且父母也没有好好教过她怎么做事情，只是一味地责骂孩子。

A 和 B 的人生都陷入某种强迫性重复中，他们都是被父母的负面评价给限制住了。他们父母的教育方式和很多其他中国父母的教育方式一样，习惯采用批评、打压的方式对待孩子，以为这样可以让孩子变得更好更强，殊不知换来的结果是孩子满身伤痛，一路自卑，低自我价值感，人生处处自我设限。

每一个人在心理上都有获得肯定与赞赏的需要。孩子的心智发育尚不成熟，常常根据别人对自己的评价，尤其是父母的评价来给自己定位。如果父母经常肯定和赞赏孩子，孩子的心里就充满了自豪和自信，觉得自己很优秀很特别。如果孩子平时听到的都是父母对他的训斥、挑剔、责备甚至挖苦，他就会觉得自己很失败，什么都做不好，就容易产生自卑心理。孩子会通过父母确认自己在世界上存在的价值、意义和对他人的重要程度，他们自我价值感的高低与父母的评价密不可分。

除此之外，更重要的是，一个人会内化父母对待自己的方式。父母如何对待我们，我们就会如何对待自己。父母鼓励和肯定我们，我们也会鼓励和肯定自己，反之亦然。这一点是很要命的，因为它会导致一个后果：你长大了，已经离开了父母，可是你还是像糟糕的父母那样对待自己，于是你的人生就被死死地限制住了。

那该如何打破小时候父母对我们的负面评价所带来的限制呢？或者说得更大一点，如何打破我们内在的限制，让自己有更多选择，变得更自由一些？

想打破限制，需要先觉察限制，要有一个非常清晰或深刻的觉察，看看自己身上有哪些限制性的思维，是谁在给我们设限，我们又是怎样让自己被限制住的。

然后尝试去突破这一限制，停止重复这一模式，而突破的方式有很多，我罗列了以下几个：

1. 直接跳出舒适区，大胆去接触之前未接触的人、事、物。

我那几个月大的女儿后来不仅敢从爬行垫上爬到地板上，还能横穿整个客厅，越过桌子、椅子，爬到厨房门口看我烧饭。她是怎么做到的呢？我直接把她从垫子上抱到地板上趴着，让她感受到：趴在地板上也不会怎么样啊！有了这样的体验后，她开始在地板上爬行，然后越爬越远。

经验是很直接的东西，新的经验可以打破旧有的认知，从而让一个人突破原来的限制。

2. 获得他人的信任与支持，从而有勇气和信心打破限制，变得更加自由。

前面提到的因为别的小动物的评价无法结果的小橡树最终结出了满满一树好吃的果子，因为它遇到了另外一只小松鼠。这只松鼠很喜欢它，在它的树上安了家，和它成了好朋友，给它很多的肯定和赞美。

当森林里其他的动物告诉这只小松鼠小橡树结不出果子，就算结出果子也很难吃时，它极力维护小橡树。当小橡树担心它也会因为自己结不出橡果而离开自己时，小松鼠说："不管你结不结橡果，我都喜欢你。而且我相信，总有一天，你一定能结出好吃的橡果的！"接纳、无条件的信任、爱与支持让小橡树恢复了自信，最终结出了一树好吃的橡果。

我曾经为自己要不要辞职去学习心理咨询，转行做心理咨询师纠结了很长时间，因为我的内心有很多限制，总担心自己学不好，担心自己不是科班毕业，没有竞争力，担心自己无法以此为生。最终，我能够打破限制很重要的原因是，当时我的好朋友（后来的老公）一直在鼓励我，他说："我相信你一定能行的，你一定能够做自己喜欢的事情。"

所以，很多人在获得高质量的友谊、爱情后会变得更好，变得更有自信心和安全感，于是有勇气敢于打破一些限制，成为更好的自己。

3. 重新解读曾经带给自己限制的那些经历，从中找到破绽，看清自己生活的真相，让之前建立的不合理信念不攻自破。

A 和 B 通过做心理咨询，松动了对自己限制性的看法。咨询师是客观中立、不带评判的，他会帮助来访者疏导之前被负面事件所堵塞住的情绪，他会提供一个新的视角去看待来访者的生命故事，帮助来访者看到事情的真相，他还会挑战来访者那些不合理的信念，从而让他们打破限制性思维，变得更自由。

小橡树如果当时就知道第一只松鼠说橡果难吃是因为橡果还不成熟，那它就不会因为“难吃”的评价而自卑了。A 如果清楚地认识到自己已经不再是小孩了，他现在的身体其实很健康，就不会强迫自己健身了。B 如果清楚地认识到自己做不好事情不是因为笨，而是因为受到情绪困扰，她的限制性思维也会有所松动。

看清真相，就能给人力量。

4. 学会从过往的成功经验中获得自信。当你觉得自己不行时，去看看自己过去的成功事迹，从中获得激励、自信和安全感，从而有勇气打破限制。

看看那些打破人生限制，拥抱无限精彩的榜样人物的故事也可以帮助你突破限制。

尼克·胡哲是个澳大利亚小伙子，他天生没手没脚，却拥有一个好到不可思议的人生。他用自己的“小脚丫”学习打字，顺利完成大学学业，自己开公司，成为著名演讲家，全球旅行演讲，还挑战冲浪运动，拍电影，后来还结婚生子，拥有一个幸福的家庭。

他的那本自传性质的《人生不设限》更是激励无数人抛开限制，找到更好的活法。

他有很多名言：

“你不能放弃梦想，但是可以改变方向，因为你不知道在人生的拐角处会遇到什么。”

“认为自己不够好，这是最大的谎话；认为自己没价值，这是最大的欺骗。”

如果有一天，你跌落井底，请对自己温柔以待

随着年龄增长，经历的事情变多，以及心理咨询师这个职业的训练，我越来越认为：对于一个人来说，真正重要的东西是当他受伤时，当他落入黑暗的井底时，他如何照顾自己，安慰自己，疼惜自己，让自己重新振作起来，走出井底，走向新的生活。可惜的是，在现实生活中，我看到这样的人很少，大多数人都热衷于对自己落井下石，且对自己扔下的石头又大又准又狠。

渴望交到真心朋友，一心对朋友好却遭到朋友背后捅刀子的人会对自己说，你看，你就是喜欢犯贱，一切都是你的错！

新换一个城市/单位，因为适应不良而焦虑不堪的人对自己说，你看，其他人都行，你怎么这么没用！

职场发展不顺，因压力大而不小心犯错的人对自己说，你看，你就是能力差，样样不如别人！

求爱失败或者遇到错爱，心碎无比的人对自己说，你看，就是没人爱你，你这辈子就是孤独终老的命！

这些对自己落井下石的人，当他们遇到各种各样困难与伤害的时候，不仅不疼惜自己，安慰自己，还常常对自己施以最苛刻的责骂与侮辱。在很多时候，第一个在他们伤口上撒盐的，踩上最厉害一脚的，补上最关键一刀的，并不是别人，而是他们自己。

我曾问过一个来访者："如果现在的你穿越回去，看到五岁的自己摔倒了，弄脏了衣服，磕破了膝盖，流着血，很伤心地哭着，你会怎么做？"

她说："我第一个想法是，让她自己站起来。"

我说："听你这么说，我很难过。你有想过上去抱抱她，安慰下她，给她整理干净衣服，清洗和包扎好伤口吗？"

她说："我也有点难过，但我担心这样做会惯坏她。"

虽然她没有对"受伤的自己"落井下石，没有说类似"谁让你走路不长眼，活该摔倒"的话，但是她让我们看到她对自己缺乏照顾、呵护和关爱，却多了铁石心肠和冷酷无情。

为什么这么多人在自己跌落井底之际，不是给自己包扎伤口，而是对自己冷酷无情，不闻不问，抑或是搬起石头狠狠地砸自己的脚呢？

只要追溯到他们小的时候，你自然就有了答案。最早对他们落井下石的人往往是他们身边最亲近的人，比如家里的父母和学校的老师。

我有一个来访者，小学时他体弱多病，个性害羞敏感，在学校里经常遭受同学的欺凌和排挤。他去告诉父母，结果父母不仅不安慰他帮助他，还对他说："学校里的其他人都不会被欺负，就你被人欺负，你说你多没有用，老子送你上学已经花了不少钱了，你不好好念书，还给老子添麻烦，真是笨！"

他从父母那里受了伤，心想说不定老师可以帮助自己，让坏同学不要欺负自己。于是，他去向班主任求救，结果又被羞辱了一顿：

“你看，其他同学都不会被欺负，就你被欺负，这是为什么呢？你看，你身体这么瘦弱，别人不欺负你，欺负谁呢？”

总之，在父母和老师那里，他收到的信息是：“都是你的错，都是你太没有用了。”这使得他不得不陷入更深的自我怀疑之中，变得更加自卑、沉默寡言和社交退缩。后来，有一些强壮的男同学开始在放学的路上对他进行敲诈和勒索，不给钱就打他。而他不再求助于他人，只能靠着小小的身躯和自己的智慧来自保。每日，他在学校里如临大敌，惴惴不安，想着下课后怎么逃跑。这样的生活持续了几年，导致他学习成绩很差，还导致了终日焦虑不安的心理问题。

后来因为父母工作变动，他转校了，加上到了青春期开始发育，他一直努力尝试克服自己害羞敏感的个性，这才不再被欺凌。

那段艰难的岁月里，在他的心中，他是完全孤独和绝望的，他凭着一己之力面对被霸凌的厄运。而这段经历形成的心理问题一直影响到今天，成年后的他总是容易陷入“是不是我没有用，是不是都是我的错”的自我怀疑之中，他需要花很多的时间和精力与自己习惯性的焦虑不安做斗争。

有一个朋友跟我讲了一件她和四岁女儿之间的小事。某一天，她带着女儿去一个朋友家作客，进电梯时，孩子由于走得着急，手指被电梯门给夹了一下，虽然手指只是有点红肿，但孩子被这突如其来的小事故吓到了，忍不住哇哇大哭起来。朋友原本想安慰孩子几句，哄一哄她，可是脱口而出的却是愤怒地斥责：“你为什么要把手伸到电梯门缝里？这下知道痛了吧！都怪你自己不小心，活该！”

她不敢相信这话居然是自己说出来的，因为她一直希望自己能做一个理解孩子保护孩子，通情达理的好母亲。

“我为什么会这样对孩子呢？”因为马上要到朋友家了，她来不及细想。然而在朋友家又发生了一件小事。四岁的女儿和朋友五岁的儿子原本开开心心地各玩各的积木，也许因为男孩看到她搭的积木比自己的好看，出于嫉妒，就把她搭好的积木一脚踢塌了。

女儿哭着来找妈妈，朋友却对女儿说：“这么小的事情，有什么好哭的。你看，你这个孩子，怎么这么不懂事，这么小气?！”

这两件事让她陷入了自我反思之中：电梯门会夹手，女儿作为一个孩子，怎么会知道呢？搭好的积木莫名其妙被人踢塌，女儿肯定心里不好受，而自己以前也没有教她遇到这样的情况该怎么处理。这个事情其实是那个男孩的错，自己为什么没有说说那个男孩，告诉他不能这样对待别人的劳动成果？是因为在朋友家里，害怕得罪朋友吗？

孩子受伤了，被人欺负了，自己为什么非但不心疼孩子，保护和安慰孩子，反而对孩子加以责备呢？

想到这些，她觉得自己实在是个糟糕的妈妈，想向孩子道歉，但是这样做，她又觉得自己无比委屈和别扭，怎么也开不了口，好像有块石头堵在了嗓子眼。

为什么自己会感到无比委屈和别扭呢？

她忽然想起了自己小时候去妈妈朋友家作客，被妈妈朋友的孩子欺负。伤心大哭时，妈妈也是这样当着外人的面骂自己，而且回到家后还继续骂自己，说自己丢了她的面子，说早知道就不带她出去玩，带她出去就是丢人现眼，以后要把她关在家里。而且这样的情况，是她生活的常态。

这样看来，朋友要向女儿道歉，怎么会不觉得委屈和别扭呢？

小时候，她被欺负了，受伤了，父母也没有好好保护和安慰她，凭什么她做母亲了，就要好好保护和安慰孩子呢？小时候，父母做错事，乱骂自己，从不向她道歉，凭什么这下轮到她自己做母亲了，要向孩子道歉呢？

在她的内心深处，自己作为孩子的这部分心理需求都没有得到满足，她又如何能够给予孩子呢？就像一个饥饿的乞丐怎么能把自己都没有的食物分给别人呢？

朋友的故事让我想到自己小时候的一段经历。

小学三四年级时，有一次我感冒了，先是流鼻涕，接着是喉咙发炎，咳嗽不止，后来感冒越来越严重，身体越来越不舒服，但我还坚持去上学。那时，我很希望父母陪我去看医生，但是他们都很忙，没时间关注我。我爸给我几十块钱，让我自己放学后去乡卫生所看病。

病得扛不住了，我就自己去了卫生所。后来诊断出我得了比较严重的支气管炎，医生要给我打针，由于我的肌肉紧张，针头断了三根才把药水注射进去。

经历了一个人看病的凄惨，被扎了三针的疼痛，还有身体的不适，我心里难受极了，觉得倍感委屈，看完病就一个人哭哭啼啼地走回家。

回家后，我还在哭，我爸开始大声骂我：“你活该，钱也给你了，让你早一点去看医生，你不去，非要拖到这么严重才去看，除了怪你自己，你还能怪谁？”

从此之后，我尽量照顾好自己，不让自己生病，但凡生病，我就自己去看医生，不再期望父母或者他人的陪伴和照顾。这个经历也加固了我一个不合理的信念，觉得“如果我不坚强，如果我不靠自己，就没有人会帮我，我也就活不下去了”。

现在写下这个故事，我的内心还是有一些酸楚，虽然我早已理解和原谅了我的父亲。

小时候的他也是没有父母安慰和疼惜的小孩，他的母亲曾因为他个子矮，嫌弃他，嘲笑他；他跟别人打架受伤，回家后他的母亲会再狠狠地打他一顿；他离家出走三天不回家，他的母亲不会去找他，甚至巴不得他死在外面，因为那样家里就少一个人吃饭了……他也是一个缺爱的孩子，而一个从小缺爱的孩子，长大后，他又如何知道怎样去爱自己的孩子呢？

一个被人欺负，得不到父母保护的孩子；一个受伤后，得不到父母安慰和支持，反而被父母落井下石的孩子；一个没有得到父母多少关爱，却遭受到父母羞辱和责骂的孩子……他们长大后，当被人欺负或者受伤时，他们对自己也是采取羞辱、责骂和落井下石的方式。等到他们当了父母，我们又怎么能指望他们在自己孩子被欺负时，去保护孩子、安慰孩子、关爱孩子而不是羞辱孩子，对孩子落井下石呢？

其实，就算在正常情况下，中国父母对孩子也是经常批评和打击的。

2016年，一个十八岁少年高考后自杀的新闻引起广泛的关注，他在QQ空间留下2800字长文“控诉”父亲，其中列举了很多小事：

“有点什么事情就打，考98分都被骂，吃饭打嗝一耳光打过来，夹菜姿势不对也一耳光打过来，自己小时候生活不好非要对我要求严格。”

“（我故意考试睡觉）考差点，希望我爸能问问我之类的，稍微改改，然而打电话第一句：你是不是不想在达外读了？我给你转到其他学校去，莫浪费老子的钱。”

“我用电脑玩 CF，然后电脑中病毒了，我爸打了我，怪我（结果是爸爸自己下载了盗版软件导致的中毒），我的心里就高兴不起来。”

这则新闻报道后面，有一万多条网友的留言，让我们看到中国父母对待孩子的态度：

“我妈不懂什么叫教育，她有时候说的话真的很伤人自尊。”

“很多大人就会玩这一套，不敢直接得罪外人，就会欺负自己孩子。”

“我爸妈和他爸妈一样，我也经历过跟他一样的事情，性格也有着同样的缺陷。幸好后来高中三年寄宿和爸妈联系比较少，幸好一路走来有很多朋友关照我对我好……不然我不知道我的人生会怎样，是否还活着。”

孩子在犯错、受伤害时，希望父母能够站在自己这一边，理解、支持、安慰自己时，但很多中国父母是这样回应的：

“是你想太多了，都怪你玻璃心！”

“苍蝇不叮无缝的蛋，想想是不是你自己的问题。”

“又和别人打架，肯定是你的错。”

“又被人欺负，都是你自己活该。”

“为什么别人都行，就你不行？”

“就你丑人多作怪，别人怎么就都能坐得住？”

“都是一个老师教的，怎么人家就学的好呢？”

这些话，你是不是很熟悉？

一个人小时候受伤后，没有得到父母应有的理解、疼惜、安慰、鼓励，而是继续遭受羞辱，被落井下石，“一切都是你的错”，那长大后，他内化并复制父母对待自己的方式，他不会理解、疼惜、安慰、鼓励自己，而是会对自己落井下石，“一切都是你的错”。这种模式会进一步扩展到他生活的各个方面，有了伴侣，他会对伴侣落井下石，有了孩子，他也会对孩子落井下石。如同爱会播撒出更多的爱，而暴力则会滋生出更多的暴力。

有个朋友告诉了我一件他父母之间的事情。父亲所在的单位正在竞选车间主任，他是三位候选人之一。竞选结果出来了，他没选上，回家跟妻子讲，没想到妻子却说：“我早就知道会是这个结果。像你这样没用的人，再给你十年，你也当不上车间主任。”父亲听了更加来气，就和母亲吵架。后来很长一段时间，母亲常常因为这个事情嘲笑、鄙视和挖苦父亲，父亲则反击，于是，一家人都过得不开心。

这样的案例，在中国家庭里普遍存在。比如有的丈夫／妻子失业了，回到家，另一半不是安慰对方、鼓励对方，不会说工作可以慢慢找，而是讥讽对方，骂对方没有用，不如自己认识的某人；比如有的丈夫／妻子在领导那里挨了骂，回去告诉另一半，却站在领导那边，对伴侣进行“批评教育”，说这都是你的错，你要反省自己的错误。

当你落井时，他狠狠地下石。在我看来，这是最糟糕的婚姻。而这样的婚姻，真不如一个人来得快乐。

如果我们把视角放在更大的社会人际关系中，就会发现，很多人不仅喜欢对自己、对孩子、对伴侣落井下石，还喜欢对任何受害的人落井下石。

而这种被人落井下石的羞辱，是避无可避，防不胜防的。

一个女性朋友，因为学校老师对自家孩子不太好，加上孩子不喜欢学校的环境，导致孩子的成绩排名下降到倒数。她很焦虑，就在一个妈妈群里问大家这样的情况怎么办，能不能换学校什么的。可群里人说的话，让她觉得难以接受。

“你怎么不懂得要给老师送礼物？”

“当初送孩子去上学的时候，你就要选一个好学校！”

“谁叫你买不起学区房？”

说来说去，好像买不起学区房是她的错，她要怪就怪自己混得不够好，没有成为年薪百万的有钱人。就像王小波说的：“与其恨路不好，不如恨自己是个老百姓。”

这类热衷于落井下石的人缺乏对人的同理心，缺乏对自己和他人受苦受难时的怜悯、疼惜与爱。

一个人最应该拥有的品质和能力是“爱自己”，而一个人只有真正地做到爱自己，才能够推己及人，懂得去爱别人。

一个人活着本身已经很不容易了，他会遭遇这样那样的伤害，有自然的伤害，如地震、洪水等；也有人为的伤害，如被嘲讽、被欺负。因此，如何保护自己不受伤害，以及受伤后如何疗愈自己就变得尤为重要了。

如果没有人教我们如何在受伤后包扎伤口，我们是不是就无法获得这一能力呢？也不尽然，只要我们真正地贴近自己，感受自己，对自己的痛苦与不易有一份同理和抱持（心理学术语，简单来讲指的是在言语或者行为上给予一种暗示性的支持与安抚），尤其是在自己受伤时内心渴望有一份关照和接纳，我们便能学会更好地疼惜自己，激活自爱的密码。

当一个人学会爱自己，真正地同理自己内在的痛苦，在受伤流血时懂得如何安慰自己，给自己包扎疗伤，而不是给自己补刀，那在面对别人的伤痛之际，他也会多一份安慰、理解与爱。这样，这个世界也会变得更有爱。

如果有一天，你不幸落入井底，感觉全世界都不爱你时，请记得不要对自己落井下石，请坚定地站在自己这一边，好好疼惜、爱护你自己。请你相信，一个愿意给自己温柔拥抱的人，残酷的世界也会对他回以温柔。

人生最难翻越的是生活，因为它无处可逃

我很喜欢的一部小说叫《革命之路》，是美国作家理查德·耶茨的代表作品，被导演门德斯拍成了同名电影，电影由莱昂纳多和凯特·温斯莱特主演。由于他俩一起演过《泰坦尼克号》，豆瓣网友评论：如果当年杰克爬上了木板，他和露丝现在就是这副德行。没错，这部电影讲的是一对情侣从激情四射到婚后一地鸡毛的故事。

宣传语说电影展现了中年危机，而我认为讲述的则是生活的危机。

在二十世纪五十年代的美国，郊区的革命路上有一栋漂亮的白房子，里面住着一对夫妻弗兰克和爱波，他们看起来非常潇洒聪明，是大家公认的一对金童玉女。

十年前，弗兰克是高谈阔论的有志青年，爱波是就读于纽约一所顶尖戏剧学校、有望成为名演员的未来之星。他们男才女貌，一见倾心，恋爱时充满了激情浪漫。很快，他们结婚了，生了两个孩子，住在美国郊区。

十年后，弗兰克变成了在公司做不喜欢工作的无聊上班族，爱波成了家庭主妇，操持着一家人的吃喝拉撒。

弗兰克每天坐着火车去上班的公司是父亲曾经任职的地方，他和很多人一起赶火车、挤电梯，坐在压抑逼仄的办公室里，工作乏

味又令人疲惫。因为生活和工作乏味，为了寻求生活的新鲜和刺激，他出轨了女同事。

弗兰克对她说：“我老爸就在诺克斯工作。上帝，我求你别让我像他那样庸庸碌碌一生，现在，我坐在这儿，我能有什么法子呢？”当初他对父亲的工作很是不屑，觉得过着这样庸庸碌碌的生活就是浪费生命，希望自己别成为父亲那样的人，可最终他似乎没有摆脱命运，成了与父亲一样的人。

爱波一直有当演员的梦想，想过更理想的生活。可现实是作为两个孩子的妈妈，作为一名家庭主妇，她只能日复一日地洗洗涮涮，生活得单调乏味，内心非常痛苦。

在一次糟糕的社区戏剧演出后，弗兰克和爱波在回家的路上爆发了激烈的争吵。两人多年的积怨终于爆发，什么难听的话都骂得出来，一个说“你很病态”，一个说“你很恶心”。这对夫妻面临着婚姻的“七年之痒”，生活是日复一日的单调、鸡毛蒜皮和与之相伴的争吵。

后来，悲痛的爱波在整理照片时发现弗兰克年轻时候的照片，想起他曾经描述的“美好的巴黎”，于是她提出了一个“全家搬到巴黎”的计划，以求拯救这个家庭。她说，她去当秘书养家，自己聪明又天才的丈夫应该过他想要的生活，学习、思考、散步……

弗兰克认为这不太现实，但最终还是被爱波说服了。他们积极准备着搬去巴黎，还兴奋地告诉了邻居、朋友，两个人的关系也因为这个计划一度重新变得和谐亲密起来。

可是，后来弗兰克无意中得到了公司升职的机会，薪水多了很多，而且爱波意外怀上了第三胎，弗兰克认为他们需要更多的钱养孩子，去不了巴黎。而且，说实话，他也不愿意放弃工作去巴黎。

去不了巴黎，爱波陷入深深的绝望，她在家给自己做流产，这像是一种自杀的方式，最后因失血过多而死亡。

真是令人心痛的悲剧。

假如爱波没有意外怀孕，没有死，弗兰克放弃了工作，他们全家搬去了巴黎，会怎么样？

在我看来，他们的生活并不会因此而真的变好，可能只会变得更糟。

一家四口，在巴黎也要吃饭，也要有地方住，两个孩子还要上学。他们要面临搬家、找工作、给孩子找学校、适应一个新城市等挑战。如果一切顺利，刚开始也许会很幸福，在手忙脚乱中憧憬着未来的美好生活。如果一切不顺利，找不到工作，他们就会活得穷困潦倒。

就算一切顺利，等安顿下来，他们还是会陷入重复的生活中。这对夫妻每天依然要上班、做家务、养大孩子、辅导孩子的作业，和在美国的生活并没有两样。因为这就是普通人的生活，而他们也是普通人，逃离不了普通人的庸常。

我朋友的朋友前几年从上海搬去了大理。

一次旅行，她爱上了大理的一切，苍山洱海、文艺气息、物价便宜……大理的每一个人都步履闲适。她觉得这才是生活。于是，她辞了上海充满压力又烦琐的工作，带着孩子搬去了大理。

可是过了两年，她又搬了回来，因为孩子要上学，大理没有她认为的优质教育资源，更重要的是她厌倦了大理。

她说，虽然上海的房子租出去够在大理生活，不用操心物质，但是每天散步、发呆、逛吃、看风景，刚开始是很幸福，但时间久了，闲得心里发慌，再美的风景也有看厌的一天，反而渴望起上海的忙碌与焦躁。

这样的逃离，看起来就像从自己活腻的地方去到别人活腻了的地方。

我搬到新家一年半了。

过去一整年我常常有住着新房很幸福的感觉，小区的绿化好，物业好，房子宽敞，再也不用租房，内心很有安全感……我经常对丈夫说："搬家之后，我感觉好幸福啊！"

可是，最近这半年我开始觉得自己的新家有很多令人不满意的地方，如交通不便，去哪都远，附近没有电影院和商场，带孩子已经逛遍了周围的绿地、公园和商业街，已经没有地方遛娃了……

这就是心理学上关于幸福的"适应原则"，指人对现况的判断，是以比自己现已适应的更好或更坏为基准。

新的刺激出现时，神经细胞会产生强烈反应，而后会逐渐"习惯化"，对刺激的反应趋于缓和。

人的适应性很强，无论发生什么事情，生活条件是好是坏，经过一段时间，我们终究会慢慢适应。而这个时间，心理学研究得出的结果是一年。就是说无论是中彩票大奖这样的好事，还是出车祸失去双腿这样的坏事，人在一年之后都会恢复到原有的幸福基准线。

在新家生活了一年半，最近半年我对住新家的幸福感开始不断下降，而且这个冬天，苏沪地区常常雾霾重重又阴冷潮湿，每天从窗户看出去，就感觉苦闷窒息。

于是，我想搬去三亚。甚至还在网上看了好几天三亚租房的信息，心里盘算租一年三亚的房子要多少钱，要带的行李有哪些，公婆、孩子和我一起去，老公不能辞工该多久团聚一次，我的工作怎么安排……

但在某一天，我忽然就放弃了这个搬到三亚的念头。

那天我在卫生间里，有一种想要逃离现实生活的强烈冲动，觉得远方一定有一个地方，会让我感觉更幸福、更快乐。

这种感觉是如此熟悉，我想起自己十岁的时候就有这种感觉了。那时我在农村，每天上学，放学后要帮父母做家务。那一日又一日的学习和家务，真让人受够了。我总想着长大，逃离家庭，这样就会离开这样的日子。

是的，后来，我长大了，来到了大城市求学工作，再后来我恋爱结婚生子，有了自己的家庭，但是我的日子还是在重复。小时候我每天学习、做家务，现在我每天都要工作、做家务，这两年还多了一项养孩子。从某一个层面讲，我现在的生活和二十年前的生活并没有什么两样。

就在那一刻，我放弃了去三亚住个一年半载的想法。

无论是电影中爱波想搬去巴黎，上海的朋友搬去大理，还是我想搬去三亚，其实我们都是想逃离自己当下的生活，我们总觉得换一个地方，生活就会不一样，就能摆脱那些重复和琐碎，就会有更多的幸福和快乐。

这几年，陆陆续续有很多朋友问我是如何开始写作，成为一名作家的，或者如何转行成为一名心理咨询师的，他们当中肯定有很多人真的想当作家或者心理咨询师，但更多的人只是对自己现在的生活不满，觉得当作家或者心理咨询师是一种更为理想的生活。

他们用逃离的心态面对生活的不满，但我想告诉他们，他们对所谓的理想工作也许有很多的想象和误解。

作家每天都要对着电脑打字，一坐一上午，屁股坐出茧，腰酸背痛是常事；心理咨询师不是坐在家里就有人来找你做咨询，你需要做很多市场推广的工作，你还需要不断地投入时间和金钱学习。

无论是换一份工作，还是换一个城市生活，我们要逃离的都不是工作或者城市，而是生活本身。生活中的每一个人就像西西弗斯一样，推着石头上山，然后石头滚下来，再推着石头上山。我们要逃离的是生活在时间的荒原面前的重复、琐碎、千篇一律。

可是，生活是最难逃离的。

《一代宗师》中有句台词："在我四十岁之前，未曾见过什么'高山'，没想到人生最难翻越的，是生活。"

生活是座无法越过的高山。生活是最难的，因为它无处可逃。

你厌倦了大城市的喧嚣和高压，回到小城市又不满它的闲适和缓慢；你厌倦了安定和平稳的婚姻生活，离婚之后又忍受不了单身的动荡和孤独。你终于过上了一种自己渴望的生活，又会去纠结另一种生活会不会更好。

就像叔本华的那句名言："生命是一团欲望，欲望不能满足便痛苦，满足便无聊，人生就在痛苦和无聊之间摇摆。"

那是不是意味着，我们永远只能站在自己当下的现实中，对自己不满，对生活不满，然后仰望那个理想的生活？

或者拼命地去折腾，闲适时想忙碌，繁忙时想避世，从小地方搬去大城市，从大城市逃离到乡居田园，这一生的日子就在这样不断逃离的兜兜转转中消耗殆尽？

也许，我们可以有另一种选择。

也许，我们可以向自己承认：此刻的生活就是我们想要和能够负担的生活，而我们过不了的生活也正是我们其实没有那么想要也负担不了的生活。

也许，我们可以更客观地看待现实，发现当下生活中有美与乐。

也许，我们可以在当下的现实中去创造自己的理想生活，而不是直接逃离现实。

也许，我们可以在当下的现实中做一点点什么事情，缩小现实和理想的差距。

我认识一个女友，原本很胖，每天工作压力很大，总想着辞工给自己放一年的大假。无奈现实残酷，她每月有六千的房贷，上有快七十岁的父母要照顾，下有五岁的孩子要养活。她一边厌恶着现在的生活，一边憧憬着更美好的未来。

一年前，她开始跳舞，不是正经八百地跳舞，也不是去舞蹈教室学习，就是在家里放上或动感或魅惑的音乐，一个人跟着音乐的节奏尽情扭动腰肢，妖娆起舞，陶醉地投入其中，每天就这样跳上十几分钟。

一年时间，她整个人的身材和气质都发生了良好的改变，更重要的是她对生活的满意度提升了许多。

我没有去三亚，而是带着全家老小一起去周边城市泡了两天温泉，并且计划未来每隔一段时间就逛逛周边没有去过的城镇，给工作忙碌的自己放个小假。

如果你想当作家，不需要辞职专职写作，也不要指望一下子就能成为作家，你可以安心住在自己当下的生活中，每天花一点时间写一点，慢慢写，像作家一样写作，你就是在过作家的生活了。

梭罗说：“你必须活在当下，乘着每一个波浪前行，在每一刻找到你的永恒。傻瓜站在他们的机会之岛上寻找另一片陆地。没有别的陆地，除了这一生，没有别的生命。”

请不要逃避现实生活，当下的生活其实没有那么糟。

当你不逃避，愿意活在当下，和你当下的生活、身边的那个人、自己那颗不安的心和谐相处时，你会发现，自己就置身在最美的风景里。

接受现实不意味着放弃理想，你可以在现在的每一刻慢慢靠近自己的理想，而不用全盘推翻自己的人生重新来过。

当你努力将手边的工作干到出色，当你对伴侣和孩子更加和颜悦色，当你旁若无人地跳一支舞，当你开始读一本新书，当你尝试改变自己的一个坏习惯……也许你还是那个没有干成大事的普通人，但你会发现生活已经对你绽放出理想的光芒。

小女人才会猜心思，大女人会直接说“我想要”

“36年来，我从来没有跟他说过我想要什么”

马歇尔·卢森堡在《非暴力沟通》中讲了一个故事，让我印象深刻。

他参加了一次研讨班，一些女士谈到对于表达个人需要的畏惧。他的母亲当时也在场，却突然站了起来，离开了房间，很久都没有回来。

回来时，她脸色苍白。马歇尔问：“妈妈，你还好吗？”“还好，”她回答，“刚才想起了一件事，心里极为难受。”

“什么事情？”

“36年来，我一直在生你父亲的气，我认为他不在乎我的感受。但现在我终于意识到，我从没有和他说我想要什么。”

在作者的记忆里，母亲总是委婉地表达自己，从不直接说出自己的需要。

为什么母亲没法直接表达自己的需要？

因为母亲小的时候，家里很穷，只要她想拥有一点儿东西，哥哥姐姐就会教训她：“你知道家里很穷，怎么还这么贪心！”于是，她便不敢说她需要什么了。

我曾也是同马歇尔母亲一样的人，不敢直接表达自己的需要。10 年前，我和朋友约会爬上海的佘山，半路口渴，希望对方停下来买瓶水喝完再爬，我都没法开口。

而现在的我已经可以很自如地对丈夫说："我累了，需要你带孩子刷牙、看书。"

我在咨询中，也遇到很多因为不懂得表达自己的需要而在关系中受苦的来访者。

我现在还记得，很多年前有一位女性来访者哭着告诉我："我多么希望在外面吃饭的时候，丈夫可以很绅士地为我拉一下凳子，可是他从来都不会这么做，一次都没有！"

（请不要评判她，"这是多大的事啊"，你的小事，就是别人的大事。）

"你有告诉他，你很希望他这么做吗？或者你有告诉他，他这样做对你很重要吗？"

她泪眼婆娑地说："没有。"

当时我的震惊无法言说，如果这位女士可以和丈夫直接表达自己的需要，她不至于这么痛苦。

长期以来，妇女的形象和自我牺牲联系在一起

为什么我们，尤其是女性很难直接表达自己的需要呢？

首先，在我们的传统文化中，一直有压抑自我需求的传统，一个人去表达自己的需要，常被认为是自私的、无礼的、羞耻的。

孙基隆在其著作《中国文化的深层结构》中由"仁者，人也"

这一观点，引出中国人的“个体”是必须被“二人”一对的关系扣住的。

在很多时候，一个人是不能为自己而活的，你必须活在关系中，为别人而活。你活着是为了满足别人的需要，而不是你自己的需要。

马歇尔说：“长期以来，妇女的形象和自我牺牲联系在一起。一旦把照顾他人当作最高职责，她们也就会倾向于忽视个人的需要。”

其次，在很多人的家庭教育中，尤其是物质条件不是很好的家庭，作为一个孩子常被要求“懂事”，而“懂事”往往意味着你要“乖”“听话”你要为父母的需要考虑，不能为你自己的需要考虑。

我家在农村，家里比较贫困，我从小就是个懂事的小孩，总觉得“家里都这么困难了，父母都这么辛苦了，我怎么还敢提要求。”

所以，我习惯压抑自己的需要，从未吵着父母要买零食、买水果，最喜欢看书，却也从来不要求父母为我买一本课外书，只是一直在图书馆借书看。

在这样长期潜移默化的影响之后，一个人会形成很深的“不配得感”。

于是，他容易忽略自己的需要，也很难开口向别人提需求。

还有的人虽然家庭条件不错，但父母从小对待她极为严苛，常常否定和批评她的需要。

想要一条裙子，就被斥责为“贪慕虚荣，不好好学习”。

想要去朋友家玩，又被骂“一天到晚就知道玩，不知道父母挣钱供你读书有多不容易吗？”

长期以往，他也会有“不被重视”的感觉，“不配得感”，无法重视自己的需要，表达自己的需要，觉得表达了也不被重视和满足。

如果我们不看重自己的需要，别人也不会看重

7年前，我和大卫谈恋爱不久，他送了我一张两千多块钱的床垫，这对我们的关系有一个非常大的促进，对我的思维也有一个很大的触动。

因为过去那么多年，我一直睡在很硬的木板床上（上面铺着被褥），哪怕经常因为木板床太硬而硌得自己全身骨头疼，而我那时也有十万的存款，都从来没想过为自己买一张好床垫。

大卫的礼物，让我忽然意识到："原来，我的需要也值得被满足。"

之后，我学习心理学，不断练习表达自己的需要，满足自己的需要。

如今，我可以重视自己的需要，做到非常自如地表达自己的需要，我的需要同样得到身边的人的重视。

因为如果我们不看重自己的需要，别人可能也不会。

直接地谈论需要，而不是指责、批评对方

接下来我们看一看怎么表达自己的需要。

1. 区分抱怨、批评、指责与表达需要的差别。

很多人无法直接表达自己的需要，她们的需要常常隐藏在抱怨、批评、指责之中，这样的表达方式不仅会让关系受到负面的影响，

还会阻碍别人更好地满足他的需要。

妻子说："雨下得这么大，我也没带伞，你为什么想不到来接我下班？你就是心里没我。"

这是抱怨，指责。

"雨下得很大，如果你来接我下班，我会很开心，因为我渴望你的关心和重视。"

这是表达需要。

妻子说："你这个人就是太懒，家里这么乱，却从来不懂得收拾一下。"

这是批评和指责。

"我需要家里保持干净和整洁，也期待你能重视我的这个需要，可以帮忙一起收拾、整理家。"

这是表达需要。

2. 区分笼统、委婉的表达需要，和具体、直接的表达需要。

妻子说："你从来不在乎我的感受。"

这是抱怨和委婉的表达需要。

"我希望你在乎我的感受，如果你在乎我的感受，你不会说'这是小事'，你会站在我的角度感受这件事，思考这个问题。"

这是具体、直接的表达需要。

妻子说："家里的开销都由我一个人承担，我觉得很不公平。"

这是笼统、委婉的表达需要。

“我需要你和我一起承担养家的责任，我们每个月的生活开销是 6 千，你可以每个月打 3 千到我的卡上吗？这样我会觉得公平。而这一点是我很看重的。”

这是具体、直接的表达需要。

以上这个部分，你还可以学到一点，如果有人批评、指责、抱怨你，你可以试着保持一点冷静和理智（毕竟没有人喜欢被批评、指责和抱怨），透过这些表现去看到他背后的需要和期待。

“双十一，你只给自己买东西，真是够自私的！”这句指责后面表达的需要可能是“我希望你能在意我，考虑一下我的需要，也为我买一点儿东西。”

如果你看到这一层，你可能就会回应：“我其实很在意你，只是想再过两周就是你的生日／我们的纪念日，不如把钱省下来，给你买一份大礼。”

当我们在关系中，“一旦开始更直接地谈论需要，而不是指责、批评对方，我们就容易找到办法来满足双方的需要。”

一般来说，我们都乐意做一个能够满足别人需要的人，因为这样会让我们有价值感，尤其是在亲密关系中，如果清楚地知道对方的需要，而自己又可以做到，大多数人都会愿意尝试和努力去满足对方。

没有人可以完全满足我们的需要

一个人，如果能直接说出需要，获得积极回应的可能性就会增加。

很简单，你不说，可能就是0回应，0满足，你说了，就有50%的可能性被回应，被满足。

当然，也有我们的需要他人无法满足的时候，这就需要我们去看看自己的需要是否合理，以及要提高自己心理的弹性、灵活性和包容力。

比如，你要对方时时刻刻陪着你，本身这个需要就是不切实际的，如果对方能做到每天有一两个小时陪着你，就是极好了。

再比如，你需要对方懂浪漫，会制造气氛，可是对方就是一个非常务实的人，浪漫和他的性格不相符，那可以让对方多做家务，多带娃，让你有时间和朋友、闺密一起出去浪漫。

伴侣无法满足的需要，可以向自己要，向朋友要，向自己的兴趣爱好要。

没有人可以完全满足我们的需要，那些不被满足的需要也是我们人生的一部分。接受这一点，你会获得更大的自由。

希望很多和我一样压抑自己需要的人，可以学会重视自己的需要，以合理的方式表达自己的需要。

因为我知道那种不被满足的滋味有时是一种多么难以承受的痛苦，而被满足的感觉又是多么的快乐和美好。

参考书目

［美］罗伯特·詹姆斯·沃勒《廊桥遗梦》

［法］西蒙娜·德·波伏娃《第二性》

［美］菲利普·津巴多／（美）尼基塔·库隆布《雄性衰落》

［美］盖瑞·查普曼《爱的五种语言》

［美］约翰·戈特曼／［美］娜恩·西尔弗《幸福的婚姻：男人与女人的长期相处之道》

［澳］力克·胡哲《人生不设限》

［美］理查德·耶茨《革命之路》

［唐］李肇《唐国史补》

孙瑞雪《爱和自由》

［美］欧文·D. 亚隆《给心理治疗师的礼物：给新一代治疗师及其病人的公开信》

［美］欧文·D. 亚隆《妈妈及生命的意义》

［日］太宰治《人间失格》

［美］苏珊·福沃德博士／［美］克雷格·巴克《原生家庭》

《圣经》

［美］萨尔瓦多·米纽庆／［美］迈克尔·P. 尼克尔斯／李维榕《家庭与夫妻治疗：案例与分析》

［美］戴维·迈尔斯《社会心理学》

［美］M. 斯科特·派克《少有人走的路：心智成熟的旅程》

李维榕《为家庭疗伤》

［日］ 吉田穗波《就因为“没时间”，才什么都能办到》

许维素《尊重与希望：焦点解决短期治疗》

［美］奇普·希思 /［美］丹·希思《瞬变》

老子《道德经》

《巴黎评论·作家访谈 I》

参考电影和视频

《一声叹息》

《我的前半生》

《廊桥遗梦》

《欲望都市》

《延禧攻略》

《巴黎，我爱你》

《老友记》

《革命之路》

《一代宗师》

《蒋甲：我从“被拒 100 天”学到的 | TED Talk》

《艺术人生》

《欧文·亚隆的心灵疗愈》

《武媚娘传奇》

《我被爸爸绑架了》

《欢乐颂》

《圆桌派》第四季第四集

《二十二》

《千与千寻》